Stéphane Marie

DIE SCHÖNSTEN GÄRTEN FRANKREICHS

GERSTENBERG

Vorwort

Bei all den Gärten, die uns im Lauf der Jahre für die Fernsehsendung »Silence, ça pousse!« (deutsch in etwa: Psst, da wächst was!) ihre Pforten öffneten, fiel mir die Auswahl schwer: Wie nur sollte ich mich für 27 von ihnen entscheiden? In den vergangenen 40 Jahren hat sich Frankreich einen Ehrenplatz unter den Gartennationen zurückerobert. Dieser Gedanke leitete mich bei meiner Auswahl: Ich wollte den Reichtum und die Vielfalt dieser grünen Oasen in ihrer ganzen Bandbreite vorstellen.

Landesweit gibt es eine Vielzahl bezaubernder Gärten. Was dabei besonders auffällt, ist die Kreativität und persönliche Handschrift, die viele von ihnen auszeichnet.

Ich war stets der Meinung, dass Gärten immer auch die Persönlichkeit ihrer Gestalter widerspiegeln. Auf dieser »Tour de France« lernen Sie daher nicht nur einige der schönsten Gärten des Landes kennen, sondern auch bemerkenswerte Menschen, die sich ihnen mit viel Zeit und Liebe gewidmet haben, um ihre Besucher zu erfreuen.

Nehmen Sie dieses Buch zur Hand, blättern Sie genüsslich durch seine Seiten, lassen Sie sich inspirieren und begeben Sie sich auf eine Reise zu Gärten, die ebenso viele ästhetische wie sinnliche Erlebnisse bereithalten.

Viel Spaß beim Entdecken!

Stéphane Marie

Anmerkung der Redaktion: Stéphane Marie ist französischer Fernsehmoderator und Autor. Seit 1998 präsentiert er auf France 5 ein wöchentliches Gartenmagazin namens *Silence, ça pousse!* Marie hat zudem zahlreiche Bücher über Gärten und Pflanzen verfasst.

Inhalt

Bourgogne-Franche-Comté

Wassergärten von Acorus, Haute-Saône • Autoreille

WASSERGÄRTEN von ACORUS

Autoreille
Haute-Saône

Ursprünglich im Rahmen einer Gärtnerei für Wasserpflanzen entstanden – vor allem für Seerosen –, verwandelte sich das Gelände mit der Zeit in ein wahres Wasserparadies. Vom Geist Japans umweht, schmiegt sich die Teichlandschaft in ein kleines Tal am Waldrand und die Gestaltungsideen sprudeln in Hülle und Fülle.

Schon Jacques Brel sang in seinem Lied von 1968 »Du wolltest Vesoul sehen, und wir haben Vesoul gesehen«. Die ruhelose Seele, um die es darin geht, hätte vielleicht nie all die beschriebenen Städte – von Vierzon über Brüssel, Hamburg und Honfleur bis nach Paris – bereisen müssen, hätte sie einen Abstecher nach Autoreille gemacht ...

Schon damals bezauberte das charmante Örtchen zwischen Besançon und Vesoul mit malerischen Ziegeldächern, idyllischer Landschaft und erholsamer Ruhe für überreizte Gemüter. Und heute? Ach, hätte unser rastloser Charakter nur diese kontemplative Schönheit erahnt, die einer Symphonie mit tausend Takten gleicht! Inzwischen leben hier schon seit vielen Jahren Sylvie und Olivier Benoist – sie Genetikerin, er Informatikingenieur: zwei Menschen, die wie geschaffen dafür sind, Ruhe in die Hektik des Alltags zu bringen.

Als Paar vereint in ihrer Liebe zur Natur, insbesondere zur Welt der Wasserpflanzen, kehrten sie Anfang der 1990er-Jahre dem Großraum Paris den Rücken und zogen auf einen alten Bauernhof in der Franche-Comté – einer Region, der sie sich tief verbunden fühlten.

Ihr Traum: ein hügeliges, drei Hektar großes Stück Land in einen Landschaftsgarten zu verwandeln. Von der Begeisterung getragen, unterschätzten sie jedoch den Arbeitsaufwand ihres Vorhabens. Denn das Grundstück, so vielversprechend es auch

schien, hatte ein entscheidendes Manko: Es gab keinerlei Wasserflächen – ein gravierendes Hindernis auf dem Weg, der oft wenig beachteten Welt der Wasserpflanzen mehr Aufmerksamkeit zu verschaffen.

Doch die Benoists ließen sich nicht beirren: In mühsamer Handarbeit gruben sie den Boden um und gestalteten das Gelände neu. Sie errichteten Erdwälle, um das Gefälle auszugleichen, legten Kaskaden, Teiche, Bäche, Steinschüttungen und Terrassen an. Mithilfe eines Pumpensystems förderten Sie Grundwasser an die Oberfläche und versorgten so die künstlich angelegten Quellen des geschlossenen Wasserkreislaufs.

Ihr Landschaftsgarten entstand nicht über Nacht, sondern über drei Jahrzehnte hinweg. Mit viel Geduld und Hingabe bereicherten Sylvie und Olivier ihn um eine von Japan inspirierte Pflanzenwelt.
Parallel dazu eröffneten sie eine Gärtnerei für Wasserpflanzen – damals noch eine Seltenheit – und boten ihre Dienste als Teichgestalter an. Der Garten diente dabei als Versuchs- und Vorführgelände sowie als Produktionsstätte.
Heute können wir die Früchte ihrer Herkulesarbeit genießen, ohne selbst auch nur einen Tropfen Schweiß zu vergießen. Und jeder Besuch ist aufs Neue ein fantastisches Erlebnis.

Der Weg zum Garten führt durch ein *Torii* – einen ornamentalen roten Torbogen nach Art japanischer Tempel, angeregt vom Orientalischen Park von Maulévrier. Wie andernorts symbolisiert das Tor den Übergang von der profanen zu einer sakralen Welt oder – prosaischer ausgedrückt – zu einem Ort der Ruhe. Besucher können den Garten selbstständig erkunden oder sich einer Führung anschließen.

Wer auf eigene Faust unterwegs ist, schlendert vom »Rindenweg« zu den »Lotusteichen«, vom »Beet der drei Kiefern« zu den »Kaskadenbecken« und von den »Farnteichen« zu den »Wolkenbäumen«. Der Weg führt vorbei an Wintergarten, Bach und einem Gewächshaus mit in Form geschnittenen Ahornbäumen und Kiefern. Überall laden Bänke zum Verweilen ein. Laut Olivier Benoist sollen Besucher Smartphone und Armbanduhr weglegen und nach den tierischen Bewohnern dieses stillen Reichs aus Seerosen und Lotusblumen – wie Kröten, Libellen, Salamandern und Molchen – Ausschau halten.

Zwischen Bambushainen und *Niwaki* – in Wolkenform beschnittenen Bäumen – entdeckt man außerdem Holzskulpturen von Dominique Calame, der auch das Eingangsportal geschaffen hat. Breite Stege überspannen das Wasser und führen zu Teichen, wie man sie nur noch auf dem Land findet. Bis heute sind die Benoists von der Artenvielfalt verblüfft, die sich hier angesiedelt hat.

Den japanischen Stil unterstreichen Seerosen- und Lotusteiche, deren Zauber das Paar in seinen Bann gezogen hat. Einige ihrer Blüten erinnern an Dahlien oder Pfingstrosen, mit runden, spitzen oder gekräuselten Blütenblättern. Auf dem Wasser breiten sich Seerosen wie blaue, violette oder rosafarbene Teppiche aus. Dazwischen setzen apfelgrüner Wassersalat, *Colocasia* und majestätisch aufragender Papyrus Akzente.

Ein Wechselspiel aus Hell und Dunkel ergänzt die farbenprächtige Komposition. So werden die Teiche z. B. von einer alten Trauerweide beschattet, die – seit 27 Jahren beschnitten – ein »Veteran« unter den jungen Japanischen Ahornen, Judasbäumen und Tibetkirschen ist.
Einen wichtigen Beitrag leistet Olivier Benoist zufolge auch das, was er eine »geborgte Landschaft« nennt: Wandert man den sanft ansteigenden Hang hinauf, fällt der Blick neben Teichen und Uferbepflanzung auch auf die Umgebung. Die durch sorgsamen Schnitt entstandenen Durchblicke inmitten von Hartriegel, Lotus und Bambus bilden einen effektvollen Rahmen für den Glockenturm von Autoreille und das Waldgebiet von Gy.

Rhododendren, Azaleen, Storchschnabel und Astern bereichern das Gelände im Lauf des Jahres mit ihren Düften und Farben. Inzwischen wachsen hier über tausend unterschiedliche Pflanzenarten: Bäume, Wasserpflanzen, Sträucher, fleischfressende Pflanzen, Stauden, Farne und Gräser. Es scheint, als hätte diese grüne Oase schon immer existiert. »Ein Gärtner ist ein Maler des Lebendigen«, beschreibt es Sylvie Benoist treffend. Und das Werk, das sie zusammen mit Olivier und ihrem Sohn Johan, einem Hydrobiologen, geschaffen hat, ist wahrlich ein Meisterwerk. Jahr für Jahr entstehen neue Teiche und Pflanzungen – eine Symphonie, die sich im Rhythmus flatternder Schmetterlinge und Libellen, plätschernder Kaskaden und blühender Seerosen wiegt. •

Wasserpflanzen als Berufung

Das Prinzip des Teilens und Weitergebens sehen die Benoists als den Kern ihres Unternehmens – einen Weg, den sie schon mit ihren ersten Seerosen beschritten haben. Inzwischen bietet die Gärtnerei etwa 200 Arten von Wasserpflanzen an. Ambitionierte Gartengestalter, die ihre heimischen Gärten in blühende Wasserlandschaften verwandeln möchten, finden hier außerdem Teichfolien und Vliese ergänzt durch passende Pflanzkörbe und eine kompetente, freundliche Beratung rund um das Thema »Teichbau«.

Besucherinformationen

Jardins Aquatiques Acorus
14, rue des Corvées
70700 Autoreille
Tel. +33 3 84 32 90 22

Öffnungszeiten

➛ April bis Oktober:
geöffnet von Mittwoch bis Sonntag, 10 bis 12 Uhr und 14 bis 18 Uhr.
An Feiertagen geöffnet (einschließlich Ostermontag, Pfingstmontag, 14. Juli).

➛ Führungen und Verkauf von Wasserpflanzen nach Vereinbarung.

➛ Weitere Informationen unter:
www.jardin-aquatique-acorus.fr

Bretagne

Die Gärten von Kerdalo, Côtes-d'Armor • Trédarzec
Der Garten von Pellinec, Côtes-d'Armor • Penvénan
Schloss de la Ballue, Ille-et-Vilaine • Bazouges-la-Pérouse

DIE GÄRTEN VON KERDALO

Trédarzec
Côtes-d'Armor

In den 1960er-Jahren schuf Fürst Peter Wolkonsky quasi aus dem Nichts eine grüne Oase, die heute als Meisterwerk eines passionierten Gartenliebhabers gilt. Mit einem feinen Gespür für Proportion und Komposition setzte er die Pflanzen auf originelle und einzigartige Weise in Szene.

Das vielsagende Zitat, das dem Dichter Paul Éluard zugeschrieben wird »Es gibt keinen Zufall, nur schicksalhafte Begegnungen«, wird inzwischen immer öfter bemüht – vielleicht, weil es eine so wundersame Antwort auf die Rätsel des Lebens bietet und dem Unvorhergesehenen spirituelle Tiefe verleiht. Und wer wäre nicht bisweilen versucht, sich dem Sirenengesang dieses heidnischen Glaubens hinzugeben?

So verhält es sich auch mit den Gärten von Kerdalo – einem weltentrückten Ort, durchdrungen vom Zauber der Natur und von überraschenden Begegnungen. Am Fuße des Tals fließt der Jaudy, ein stiller Fluss im bretonischen Departement Côtes-d'Armor. Tausende Kilometer entfernt windet sich die Volkona durch die russischen Oblasten Tula und Kaluga. Was verbindet diese beiden Gewässer – das eine am Rand der Bretagne, das andere südlich von Moskau? Nicht weniger als ein Fürst, dessen Leben sich zwischen Ost und West bewegte.

Schon als Kind in Sankt Petersburg schlich sich Peter Wolkonsky – Spross eines russischen Adelsgeschlechts, das seinen Namen der Volkona entlehnte – nach Einbruch der Dunkelheit gern in den Gemüsegarten des benachbarten Zarenpalasts.

Kerdalo beherbergt über 5000 Pflanzenarten, darunter Japanische Zierquitten und südafrikanische Schopflilien.

1917 floh der junge Mann, der sich für Botanik, Malerei und Landschaften interessierte, vor den Wirren der Russischen Revolution. Zusammen mit seiner Mutter bereiste er Italien und Frankreich, bewunderte die sonnigen Landschaften der Provence und Toskana und lernte, sie gekonnt auf die Leinwand zu bannen.

Später ließ er sich in der Nähe von Paris nieder, legte seinen ersten Garten an und freundete sich mit dem Kunstmäzen Charles de Noailles an. Auf dessen Fürsprache hin wurde er in die *International Dendrology Society*, eine internationale Vereinigung von Pflanzenliebhabern, aufgenommen. Seinen Ankerplatz fand der »ewige Exilant« schließlich in der kleinen bretonischen Gemeinde Trédarzec – auf 18 Hektar eines tief eingeschnittenen Tals, das sanft zum Jaudy abfällt. Gegenüber der Altstadt von Tréguier begann Peter Wolkonsky sein Lebenswerk: 1965 verwandelte er das Gelände in die Gärten von Kerdalo. Aus der Vogelperspektive eröffnen sich der ganze Fantasiereichtum und die feinsinnige Ordnung seines meisterhaften Entwurfs: Der Garten ist ein zerbrechliches lebendiges Gemälde, in dem sich weite Wiesen mit schattigen Wäldchen, »französische« Karrees mit wilder »goldener Heide« und mediterrane Terrassen mit taunassen Pfaden abwechseln. Ein Wald aus Mammutblättern und Baumfarnen, eine italienische Grotte und mit Muscheln verzierte Pavillons verbinden sich zu einem Mosaik aus Formen und Farben. Die einzelnen Gartenräume sind durch einen »Pagodenkanal«, Wassertreppen, Becken und Teiche getrennt.

Von Geburt an dem Wasser verbunden, fühlte sich der Fürst besonders von den Quellen des Tals angezogen, die das Grundstück durchflossen. Ebenso wie Erde und Pflanzen nutzte er ihr Wasser im Garten als gestalterisches Element.

Das Ergebnis war ein englischer Landschaftsgarten mit italienischen wie exotischen Einflüssen und über 5000 Pflanzenarten – darunter seltene Exemplare wie Japanische Zierquitten, rosa blühende Sträucher, Keilblatt-Akazien oder südafrikanische Schopflilien – eine Zwiebelpflanze mit hellgrünen Blüten.

Mithilfe renommierter Baumschulen wie Harold Hillier aus Winchester schuf der Künstler Wolkonsky auf den sanften Hängen eine Komposition aus Farben und Texturen, die von Frühling bis Herbst ein harmonisches Zusammenspiel entfalten. Von Gold- bis Rostbraun, von Zartgrün bis Silberfarben und von Rosé bis Weiß begleitet ein erlesenes Sinneserlebnis den traumhaften Rundgang. Die Gartenräume sind so abwechslungsreich und überraschend gestaltet, dass sie die kindliche Fantasie wecken: Mal wähnt man sich auf einer Arche am Äquator, mal als Abenteurer auf der Suche nach den Groac'h – jenen Wasserfeen und Hexen aus bretonischen Märchen und Sagen. An diesem magischen und geheimen Ort scheint alles möglich. •

Flotte Sohlen, »Sahnehäubchen« und Samentüten

1964, ein Jahr, bevor der Fürst sein »Tal der Träume« entdeckte, kam in Paris ein Betrone mit ägyptischen Wurzeln zur Welt. In der Rue de Fécamp, im 12. Arrondissement, wo er in den 1980er-Jahren aufwuchs, schillerte statt glitzernder Flüsse vor allem das Nachtleben. Während man in Klubs und Varietés wie dem »Palace« oder den »Folies Bergère« inmitten vibrierender Rhythmen feierte, gab sich der junge Schuhmacherlehrling Christian Louboutin bisweilen auch gern dem stilleren Vergnügen des Gärtnerns hin. Mit derselben Leidenschaft, mit der er später die Modewelt revolutionierte, war er dem Pflanzenreich zugetan.

Als Louboutin zum international gefeierten Schuhdesigner avancierte, zogen die Unwetter der Jahre 1987 und 1999 die Kerdalo-Gärten stark in Mitleidenschaft. Liebevoll restauriert von Isabelle Wolkonsky, der Tochter des Fürsten, und ihrem Ehemann Timothy Vaughan, die den Garten übernommen hatten, wurden sie 2005 als Jardin Remarquable (»Bemerkenswerter Garten«) ausgezeichnet und 2007 in das Verzeichnis der historischen Denkmäler aufgenommen. Doch der Glanz dieses verborgenen Ortes, dessen einfaches steinernes Gutshaus in späterer Zeit zu einem Herrenhaus im Stil des 17. Jahrhunderts umgestaltet worden war, begann zu verblassen. 2021 besann sich Christian Louboutin seiner bretonischen Wurzeln und seiner Liebe zur Landschaftsgestaltung, erwarb Haus und Garten und beschloss, Kerdalo neues Leben einzuhauchen.

Seit April 2024 lädt im ehemaligen Gewächshaus die charmante Teestube »Cherree on the cake« zu Gebäck mit anglobretonischem Flair auf farbenfrohen Tellern ein. Ein Gärtnerteam unter der Leitung von Tanguy Rabin hat die Gärten neu gestaltet, seltene Arten in Szene gesetzt und neue Perspektiven geschaffen.

Und schließlich können Hobby- und Profigärtner in der hiesigen Gartenboutique zwischen Büchern, Herbarien und Samentütchen stöbern. Besucher entdecken ein verjüngtes, mit neuem Leben erfülltes Kerdalo mit unverändertem Charme, auf das der Fürst als sein ursprünglicher Schöpfer vom Himmel herabzulächeln scheint.

Manchmal schenkt einem eben doch der Zufall die schönsten Begegnungen.

Besucherinformationen

Jardins de Kerdalo
22220 Trédarzec
Tel. + 33 7 65 16 06 75
lesjardinsdekerdalo@gmail.com

Öffnungszeiten

➛ Anfang April bis Ende September
Geschlossen 23. bis 31. Mai und 20. bis 28. Juni. Bei Unwetter und übermäßiger Hitze kann es zu vorübergehenden Schließungen kommen.

➛ Freie Besichtigung ohne Voranmeldung zu folgenden Zeiten:
Sonntag: 14.30 bis 18.30 Uhr
Montag: 14.30 bis 18.30 Uhr
Dienstag: 10 bis 13 Uhr • 14.30 bis 18.30 Uhr
Mittwoch: 10 bis 13 Uhr • 14.30 bis 18.30 Uhr
Donnerstag: 10 bis 13 Uhr • 14.30 bis 18.30 Uhr
Letzter Einlass um 11.30 Uhr und 17 Uhr.
Freitags und samstags geschlossen.

➛ Weitere Informationen unter:
www.lesjardinsdekerdalo.com

DER GARTEN von PELLINEC

Penvénan
Côtes-d'Armor

Vor 25 Jahren entstand rund um ein charmantes Gebäude aus dem 17. Jahrhundert, malerisch gelegen am Ende einer türkisfarbenen Bucht, der Garten von Pellinec. Das botanische Meisterwerk entführt seine Besucher auf eine sinnliche Reise, bei der über 20 000 prachtvolle Pflanzen, liebevoll gesetzt vom passionierten Gärtner Gérard Jean, die Hauptrolle spielen.

Es gibt Tage, an denen man – den Wind im Gesicht und den Nieselregen unaufhörlich auf die Kapuze prasselnd – über Stunden hinweg gegen die Elemente ankämpft. Diesen berüchtigten bretonischen Sprühregen, der zum Pakt mit den Göttern und dem Leben gehört und bei dem man sich auch das Fluchen nicht verkneifen kann. Dann wieder bäumt sich der stürmische Himmel in gewaltiger Schönheit auf und der Ozean, wild und ungezähmt, scheint unsere Stimmung zu belächeln. Und es gibt Momente, in denen sich ein Schleier aus Nebel über die Bucht legt und das verblassende Meer sich in der Unschärfe des Horizonts verliert. Wie Schatten tauchen dunkle Inseln am Rande der Bucht auf, zwei Boote ruhen im Wasser und über dem Ufer breiten sich die ausladenden Blätter exotischer Bäume aus. Mit ihren Gelb-, Braun-, Graugrün- und Smaragdtönen durchbrechen sie die monochrome Landschaft. Es ist ein Bild wie im Traum – ein flüchtiger Moment im Jardin de Pellinec.

Dieser Ort von betörender Schönheit – versteckt in den Côtes-d'Armor im Nordwesten der Bretagne – ist die eindrucksvolle Verlängerung der Côte de Granit Rose. Eingebettet in die hügelige Landschaft, etwas abseits des Meeres, erscheint der Garten als Sinnbild der Perfektion. Und doch war es Gérard Jean, sein Eigentümer und Schöpfer, der ihn über 25 Jahre hinweg zur Vollendung brachte.

Der Werdegang von Gartenkünstlern beginnt oftmals mit einem Bruch. Der Hektik inmitten von Betonmauern überdrüssig, kehren sie dem Stadtleben den Rücken, getrieben von dem Wunsch, die Zeit neu zu erfinden. Ihnen verdanken wir den Mut und den schöpferischen Elan, der nötig ist, um die Welt und uns Menschen vor der Überforderung zu bewahren.

Gérard Jean, einst kreativer Kopf in der Werbebranche, kannte den Puls der Großstadt. Doch ihre Intensität – die Lichter und der Lärm und ihr unermüdlicher Takt – ließen ihn um seine Gesundheit fürchten. Schließlich erinnerte er sich an die Freuden seiner Kindheit, als er selbst gezogene Radieschen erntete. Und so schenkte er seinem inneren Kind ein Lächeln und versprach ihm einen Garten.
Als er 1993 das Anwesen von Pellinec erwarb, war es dem Verfall preisgegeben. Doch Gérard war von der idyllischen Landschaft verzaubert. Ohne einen Blick auf die bröckelnden Mauern zu verschwenden, begann er, das Gelände zu formen: Er rodete das Dickicht, legte Terrassen an und erneuerte verschüttete Wege. Erst Monate später wandte er sich dem Haus zu. Was er dabei entdeckte, verblüffte ihn: Das verlassene Gebäude entpuppte sich als ein altes Herrenhaus aus Quadersteinen, errichtet unter Ludwig XIV. 18 Monate dauerte es, das Haus zu restaurieren.

Mit einer Mischung aus Leidenschaft und Perfektionismus gestaltete Gérard über die Jahre hinweg acht herrliche Gartenbereiche auf vier Hektar Fläche. Der »Exotische Garten« entstand dort, wo einst der Gemüsegarten des Herrenhauses lag. Dessen einziges erhaltenes Relikt ist eine hundertjährige Chinesische Hanfpalme (*Trachycarpus fortunei*). Ein langer, gepflasterter Weg führt durch ein üppiges Pflanzenmeer: Palmen, Kletterpflanzen und eine spektakuläre Keulenlilie (*Cordyline australis*), deren lange, spitze Blätter in leuchtendem Gelb, Rosa, Purpur und fast schon schwarzem Dunkelviolett schimmern.

Direkt am Meer liegt der »Englische Garten«, der sich von der geometrischen Strenge französischer Gärten abhebt. Hier dominieren sanft geschwungene Pfade statt gerader Linien, frischer Rasen statt formaler Buchsbaumhecken. Um dem salzigen Wind zu trotzen, wurden robuste Immergrüne gepflanzt, ergänzt durch widerstandsfähige Blütenpflanzen wie Schmuck- und Taglilien. In dieser üppigen Umgebung erstreckt sich eine 5000 Quadratmeter große Rasenfläche, durchsetzt von Inseln mit Magnolien, Rhododendren, Azaleen und Hortensien in zahllosen Farbschattierungen.

Unermüdlich widmet sich Gérard der Gestaltung, der Komposition und der Atmosphäre des Gartens. In fast 20 Jahren hat der überzeugte Ästhet etwa 20000 Pflanzen gesetzt, und über 2450 Sorten sind heute in Pellinec registriert.

In dieser üppigen Umgebung erstreckt sich eine 5000 Quadratmeter Rasenfläche, durchsetzt von Inseln mit Magnolien, Rhododendren, Azaleen und Hortensien.

Der »Seerosenteich« verdankt seine Existenz einer Karte aus dem 18. Jahrhundert. Gemäß dem historischen Plan wurde der Teich ausgehoben und auf knapp 80 Zentimeter vertieft. Rundherum wachsen Sumpf-Schwertlilien und am Ufer vermischen sich die Farben von Prachtspieren und Sumpfdotterblumen mit den imposanten Blättern der *Gunnera*. Der Teich ist nicht nur ein botanisches Kleinod, sondern auch eine Hommage an Claude Monets Seerosenteich in Giverny.
In ehemals sumpfigem Gelände befindet sich heute der »Japanische Irisgarten«. Gérard Jean liebt diese Blumen mit ihren breiten, fast horizontalen Blütenblättern, von denen es über 500 Sorten gibt. Um sie elegant in Szene zu setzen, errichtete er einen geometrisch angelegten Holzsteg, auf dem Besucher trockenen Fußes durch das Gelände spazieren und die violetten, weißen, rosa, blauen und dunkelvioletten Blüten aus der Nähe bewundern können. Wer genau hinsieht, erkennt feine Streifen und zarte Farbverläufe – und kommt zu einer erstaunlichen Erkenntnis: Nicht die Lilie, sondern die Iris ist die wahre Symbolblume des französischen Königreichs! Ein Vergleich ihrer Blüten mit königlichen Gravuren genügt, um diesen Umstand zu erkennen.

Zu den königlichen Schönheiten gesellen sich heimische Pflanzen wie Königsfarn und Mädesüß, ergänzt durch den seltenen Aronstab ‘Green Goddess’ mit seinen weiß-grün schimmernden Blüten.
Ebenso eindrucksvoll sind der »Südliche Garten«, die »Himalaja-Allee« und die »Sukkulentendüne«. Letztere stammt aus dem Jahr 2023 und präsentiert eine Sammlung riesiger Agaven mit messerscharfen Spitzen, flankiert von nicht minder wehrhaften Kakteen und Aloen. Den traumhaften Abschluss bildet die romantische Magnolienwiese vor dem Herrenhaus. In Pellinec gedeihen 48 Sorten dieser anmutigen Bäume, deren Blüten die Besucher mit ihrer weißen, rosa und zartgelben Pracht erfreuen. •

Warten lohnt sich!

Wie jede Schönheit gibt auch der Garten von Pellinec seine Reize nur zurückhaltend preis. Zu jeder Tageszeit kümmert sich Gérard Jean mit viel Hingabe darum, ihn zu erhalten und zu pflegen. Der Sonntag jedoch gehört den Besuchern. Und das seit 2013 als Jardin Remarquable *ausgezeichnete Kleinod ist das Warten auf jeden Fall wert.*

Besucherinformationen

Jardin de Pellinec
1, Pellinec
22710 Penvénan
Tel. +33 6 65 43 92 35
contact@le-jardin-de-pellinec.fr

Öffnungszeiten

➳ Mitte April bis Ende August:
Sonntag von 14 bis 18 Uhr

➳ Weitere Informationen unter:
le-jardin-de-pellinec.fr

SCHLOSS de la BALLUE

✲ Bazouges-la-Pérouse
Ille-et-Vilaine

Majestätisch thront das Château de la Ballue über der herrlichen Landschaft des Couesnon-Tals. Ebenso facettenreich wie das Schloss selbst sind seine 13 Gartenräume: von Barockgärten über Formschnittgehölze bis hin zum »grünen Theater« und einer üppig blühenden Glyzinienlaube.

Mit der berühmten Cancan-Tänzerin »La Goulue«, die im späten 19. Jahrhundert im Pariser »Moulin Rouge« die Massen begeisterte, verbindet Schloss La Ballue nicht nur der ähnliche Klang und der bestimmte Artikel. Manche leiten den Schlossnamen auch vom Wort »Bellu« ab – einst Ausdruck für wilde, ungezähmte Naturen. Nicht ganz so entfesselt wie die legendäre Tänzerin, aber ebenso eigenwillig sind die Gärten von La Ballue: So wie »La Goulue« einst zeitweise auch Zirkustiere bändigte, bezwingt La Ballue die Perspektiven. Und während »La Goulue« vom Maler Toulouse-Lautrec verewigt wurde, inspirierte La Ballue Literaten wie Victor Hugo, Balzac, Musset und Chateaubriand.
Doch an dieser Stelle findet der Vergleich ein Ende. Zu unterschiedlich ist die Herkunft der beiden »Damen«: Die eine, »La Goulue«, wurde im 19. Jahrhundert als Kind der Pariser Bohème in Clichy geboren, die andere, La Ballue, erblickte im 17. Jahrhundert in Bazouges-la-Pérouse in der Bretagne das Licht der Welt. Und während La Ballues Pracht die Zeit überdauerte, starb »La Goulue« verarmt und ist nur mehr auf Plakaten und Gemälden verewigt.
Und doch: Auf ihre Weise verkörpern beide den sinnlichen, widersprüchlichen Charme Frankreichs.

Das Château de la Ballue erhebt sich zwischen Saint-Malo und dem Mont-Saint-Michel, eingebettet in eine malerische Landschaft aus Hügeln und Wäldern. Im 17. Jahrhundert erbaut und mehrfach umgestaltet, wird das im Louis-treize-Stil errichtete Hauptgebäude von zwei Seitenflügeln flankiert, die einen eleganten Ehrenhof umschließen. Die helle Fassade schmücken Pilaster und klassische Sprossenfenster, während die Schieferdächer mit ornamentalen Dachgauben verziert sind.

2005 übernahm Marie-Françoise Mathon das Anwesen und ließ es mit großer Sorgfalt restaurieren. Heute beherbergt das Schloss fünf luxuriöse Gästezimmer, die klangvolle Namen wie »Victor Hugo«, »Diane« oder »Perse« tragen. Die Zimmer sind in Rot-, Hellblau- oder Cremetönen gehalten und mit Baldachinbetten, Louis-quinze-Vertäfelungen, quastenverzierten Gardinenhaltern und maßgeschneiderten Stoffen von Pierre Frey geschmückt – eine Hommage an die Raffinesse des Grand Siècle.

Kaum hat man die Zimmer bezogen, zieht es einen unweigerlich zum Fenster – oder noch besser: hinaus auf die Hauptterrasse. Dort eröffnet sich das atemberaubende Panorama des Couesnon-Tals, in dem sich der Fluss in silbrigen Schleifen durch Hecken, Felder und ein Meer aus Grüntönen windet. Der Blick verliert sich in der Weite und versinkt in den kunstvoll komponierten Gärten.

Noch 1942 lagen hier Kartoffelfelder. 1973 schufen die Architekten Paul Maymont und François Hébert-Stevens im Auftrag der Verlegerin Claude Arthaud, der das Anwesen damals gehörte, zwei vom Manierismus inspirierte Gärten, getrennt durch eine prächtige Glyzinienarkade. Immer wieder vergessen und wiederentdeckt, erwarben schließlich Alain und Marie-Françoise Mathiot-Mathon das Anwesen. Sie verliebten sich in die labyrinthische Struktur und die ungewöhnlichen Pflanzenarten des Gartens und hauchten ihm neues Leben ein.
Wie auch andernorts zieren Formschnittgehölze aus Buchs, Eibe und Hainbuche den Garten, aber – und das macht den besonderen Reiz aus – auch aus Leyland-Zypressen, Stechpalmen, Liguster und Thujen.
Mit unermüdlicher Hingabe schufen die neuen Besitzer einen Garten, der klassische und manieristische Elemente vereint. Immer wieder bereichert durch zeitgenössische Kunstwerke, nimmt ein Grundriss Gestalt an, der mit Licht, Schatten und unerwarteten Perspektiven spielt: von grünen Tunneln zu sonnigen Lichtungen und von schattigen Wäldchen zu offenen, grünen Flächen.

Von der Terrasse aus eröffnet sich der Blick auf die kunstvoll gestaltete Heckenlandschaft, in der der französische Garten seine klassische Strenge entfaltet. Geometrische Parterres werden rhythmisch von Formschnittgehölzen durchbrochen, deren Mitte eine moderne Skulptur markiert und die von einer mit Glyzinien überwachsenen Eibenkolonnade begrenzt werden. Jenseits des violett blühenden Bogens erstrecken sich 13 thematische Gartenräume, eingefasst von Buchs- und Eibenhecken oder Formschnittgehölzen.

Zu den symbolträchtigsten Gartenbereichen zählt das »Buchsbaumlabyrinth« – eine grüne Hommage an den Klassizismus, dessen verschlungene Formen den Blick verwirren. Aus der Vogelperspektive wirkt dieser Bereich wie ein unvollendetes Puzzle – ein Sinnbild des menschlichen Lebens.

Das auch als » Zauberhain« bekannte »Hainbuchenboskett mit Aussicht« (*Bosquet de charmes avec vue*) ist in seiner sprachlichen und gestalterischen Doppeldeutigkeit eine Reminiszenz an die literarischen Wortspiele des Barock: Durch ein Heckenfenster blickt der Betrachter auf eine italienisch anmutende Landschaft. Am Ende eines weiß blühenden Glyzinienbogens lädt ein Wäldchen mit immergrünen Farnen, die in dieser Region üppig gedeihen, zu einer schattigen Rast ein.

Die Mitte des »Dufthains« ziert ein achteckiges Becken mit duftenden Seerosen. Ringsum rahmen grüne Spitzbögen und Pyramiden eine Komposition aus aromatischen Topfpflanzen, Kletterjasmin und Geißblatt. Das »Grüne Theater«, geformt von hohen Eibenhecken, dient mit seinen vier seitlichen Bühnenzugängen und einem Rasenpodest als Schauplatz sommerlicher Konzerte, die oft einem barocken Repertoire gewidmet sind. Idyllisch führt eine Allee aus beschnittenen Linden zum Schloss zurück. Wie eine Schleuse zwischen Licht und Schatten bildet der 70 Meter lange, schmale Weg den Übergang vom lichtdurchfluteten Tal zum ehrfurchtgebietenden Granitbau. Wer das Glück hat, hier Gast sein zu dürfen, kann sich im Swimmingpool erfrischen oder im Spa entspannen. Allen anderen bietet die zwischen Rosen und Jasmin eingerichtete Teestube hausgemachte Köstlichkeiten, ergänzt durch Kunst- und Gartenbücher in der benachbarten Schlossboutique. Wer nicht gleich als Hommage an »La Goulue« einen Cancan tanzen möchte, findet hier vielleicht beim Stöbern einen Bildband zu Toulouse-Lautrec und der »Königin des Moulin Rouge«. •

Musik im Schloss

♥ *Das Château de la Ballue ist im Sommer regelmäßig Schauplatz diverser Kulturveranstaltungen. So brachte z. B. das Ensemble der BarokOpéra unter der Leitung von Frédérique Chauvet 2024 im Ehrenhof des Schlosses eine zwischen Barock und komischer Oper angesiedelte Neuinterpretation von Henry Purcells »King Arthur« auf die Bühne. 2025 folgte Mozarts »Die Entführung aus dem Serail«.*

Besucherinformationen

Château de la Ballue
35 560 Bazouges-la-Pérouse
Tel. + 33 2 99 97 47 86
chateau@la-ballue.com

Öffnungszeiten

- Geöffnet von 10 bis 18.30 Uhr
Mitte März bis Ende April: geöffnet Donnerstag, Freitag, Samstag und Sonntag
Anfang Mai bis Ende September: täglich geöffnet
Anfang Oktober bis Mitte November: geöffnet Donnerstag, Freitag, Samstag und Sonntag

- Auch an Feiertagen, während der Ferien sowie zu Veranstaltungszeiten regulär geöffnet.

- Weitere Informationen unter: www.laballuejardin.com

Centre-Val de Loire

Priorat von Orsan, Cher • Maisonnais
Die Gärten von Schloss Valmer, Indre-et-Loire • Chançay
Schloss Le Rivau, Indre-et-Loire • Lémeré
Die Gärten von Schloss Villandry, Indre-et-Loire • Villandry
Blumenpark von Apremont, Cher • Apremont-sur-Allier
Schloss Le Lude, Sarthe • Le Lude

PRIORAT von ORSAN

✡ Maisonnais
Cher

Gegen Ende des 20. Jahrhunderts, als man sich vermehrt für die mittelalterliche Gartenkunst interessierte, wurde der Garten von Orsan eine der eindrucksvollsten Neugestaltungen. Teils vergessene Praktiken wie Flechtwerk, der Anbau in Pflanzkästen oder raffinierte Veredelungstechniken wurden wiederbelebt. Heute verbindet das gartenbauliche Meisterwerk Vergangenheit und Gegenwart.

Im Mittelalter sollten Gärten vornehmlich aus der Vogelperspektive wirken: Die Schöpfung des Menschen war Gott geweiht. Denn Schönheit, so glaubte man, führe zu Versuchung und Sünde. Der irdische Blick musste sich abwenden, oder zumindest rein bleiben, während nur das Urteil Gottes galt.
Mit der Renaissance trat diese religiöse Symbolik vermehrt in den Hintergrund und der von Dogmen befreite Mensch erblühte in Kreativität.

Das Priorat von Orsan verbindet Vergangenheit und Gegenwart. Zwar wurde es im Lauf seiner Geschichte zerstört und verwüstet, aber ebenso oft auch kunstvoll restauriert, gepflegt und neu gestaltet. Die Ambivalenz dieses menschlichen Handelns, so darf man zumindest hoffen, wird Gott uns nachsehen. Schließlich kennt er sie hinreichend aus himmlischer Perspektive.

Im 12. Jahrhundert errichtete Robert d'Arbrissel, Gründer der königlichen Abtei von Fontevraud, ein neues Priorat: die Prieuré Notre-Dame d'Orsan – samt Kirche, Kreuzgang, Mühle und weiteren Klostergebäuden. Um den konkurrierenden Interessen der örtlichen Schutzherren gerecht zu werden, verfügte der Diener Gottes, seine sterblichen Überreste verschiedenen Ruhestätten zu übergeben: Sein Körper sollte nach seinem Tod in Fontevraud, sein Herz getrennt davon in Orsan begraben werden.

Die Herzreliquie, für die man ein marmornes Mausoleum errichtete, wurde im Lauf der Jahre zum Gegenstand stiller Verehrung. Da man ihr zahlreiche Wunder zuschrieb, wuchs mit den Jahren die Zahl der Pilger, die den Ordensgründer wie einen Heiligen verehrten.

Beschenkt von dankbaren Seelen und verwaltet durch Generationen von Nonnen, erlebte das Priorat eine jahrhundertelange Blüte. Orsan überstand den Hundertjährigen Krieg, wurde jedoch während der Hugenottenkriege schwer beschädigt. Während der Französischen Revolution wurde das Priorat aufgelöst und seine Gebäudeteile verkauft. Das getäfelte Parlatorium – einst Sprechzimmer der Priorin – versank im Mistgeruch und Geschäftssinn hiesiger Landwirte.

1926 wurden die erhaltenen Gebäudeteile in die Liste der historischen Denkmäler Frankreichs aufgenommen. Doch schon 70 Jahre später waren Hof und Gebäude zwischen Hühnerställen und ausgedienten Landmaschinen dem Verfall überlassen. Und doch wachte scheinbar die Vorsehung – war es die des seligen Robert d'Arbrissel oder eines vergebenden Gottes selbst – über diesem geschichtsträchtigen Ort.

Anfang der 1990er-Jahre erwarben schließlich die Architekten Patrice Taravella und Sonia Lesot das verfallene Priorat mitsamt seinen 40 Hektar Wald und Wiesen. Sie restaurierten die alten, historischen Gemäuer und gestalteten das Gelände mithilfe von Neupflanzungen, wobei sie gekonnt Alt und Neu, Symbolisches und Ästhetisches verbanden.

Heute ist die Schönheit des Gartens allgegenwärtig – aus der Vogelperspektive ebenso wie auf Augenhöhe betrachtet. Seit 2004 als *Jardin Remarquable* ausgezeichnet, bildet er eine feinsinnige Hommage an das ursprüngliche Kloster.

Unterstützt vom erfahrenen Gärtner Gilles Guillot und inspiriert von der Buchkunst des Mittelalters, entwarfen die Architekten zwölf abgeschlossene Gartenräume. Ebenso nutzbringend wie symbolträchtig spiegeln sie das Wesen mittelalterlicher Klostergärten wider.

Paul
NR
Albéric
Barbier
NR

Der Rundweg beginnt am »Kreuzgang«. Traditionell dem Gebet und der Meditation gewidmet, bildet er den ersten Gartenraum: den Garten von Adam und Eva. Seine grasbewachsenen Pfade sind von akkurat geschnittenen Hecken gesäumt, in deren Schutz violett blühende Kardonen und Chinaschilf gedeihen. In der Mitte sprudelt ein Brunnen, der mit seinen Fontänen die vier Ströme des Garten Enden versinnbildlicht. Um die Quelle ranken sich Weinreben. Denn Wein symbolisiert das Blut Christi sowie die Eucharistie.

Wie selbstverständlich schließen sich die Beete im »Parterre-Garten« an. Das erste ist mit Dinkel bepflanzt, das zweite mit Bohnen. Daneben erstreckt sich ein Hain aus Olivenbäumen. Tief verwurzelt in der biblischen Symbolik, spenden sie uns Nahrung für Leib und Seele. Rankgerüste aus geflochtenen Weidenruten und anderen biegsamen Gehölzen durchziehen die Beete. Wer möchte, erkennt in den fensterartigen Öffnungen Nischen für die zwölf Apostel.
Im »Labyrinth« verirrt sich der Besucher zwischen Krokussen und Narzissen. In seiner Mitte steht ein Apfelbaum, dessen Krone – getragen von schlanken Stützen – ein schattenspendendes Dach bildet. Dieser Gartenbereich steht für Ruhe und Erlösung und bildet den Eingang zum »Paradies«.

Die Schönheit des Gartens entfaltet sich nicht zuletzt durch seine außergewöhnliche Gestaltung: Rankhilfen aus Kastanienholz stützen die Pflanzen und verleihen den Gartenräumen eine fast schwebende Leichtigkeit. Pergolen und Einfassungen aus Holz, Stein und Metall greifen auf mittelalterliche Techniken zurück. Und Hecken, durchbrochen von ovalen Durchblicken, eröffnen immer neue Sichtachsen.
Der spirituelle Rundgang führt weiter in den »Mariengarten«, wo Rosen, Veilchen und Lilien die Liebe, Demut und Reinheit der Jungfrau Maria symbolisieren.

Im großen, leicht erhöhten Gemüsegarten gedeihen Artischocken, Gurken und Kürbisse inmitten von blühenden Begleitpflanzen wie Rotem Flachs, der bestäubende Insekten anlockt.
Vorbei am eindrucksvollen Kräutergarten, der den Heilpflanzen gewidmet ist, gelangt man in den Obstgarten, wo Birnen, Äpfel und Beeren zum Naschen einladen.
In Orsan gilt eine einfache Regel: Eine Frucht für die Vögel, eine zweite für die Besucher und die dritte für die Besitzer – um Marmelade daraus zu machen.
Am Hauptgebäude schließt sich der Kreis: Ein großes, aus Pflanzen geformtes Herz schmückt die Fassade – als bewegende, stille Hommage an Robert d'Arbrissel. ●

Frischer Wind

♥ *Seit 2017 bringen die Modedesigner Gareth Casey und Cyrille Pearon als neue Eigentümer von Orsan frischen Wind in den Garten. Inspiriert von den vorhandenen Gartenräumen sind neue entstanden – stets im Einklang mit der Natur und im Bestreben, den Garten noch ausdrucksvoller zu gestalten. Der Teesalon verwöhnt mit erlesenen Teesorten und leichten Mittagsgerichten und im kleinen Laden findet man ein Angebot an Gartengeräten, Fruchtsäften und hausgemachten Marmeladen.*

Besucherinformationen

Prieuré d'Orsan
225, route d'Orsan
18170 Maisonnais
Tel. +33 2 48 56 27 50
info@prieuredorsan.com

Öffnungszeiten

- Geöffnet von April bis Oktober
Dienstag geschlossen
- Montag, Mittwoch, Donnerstag und Freitag:
geöffnet von 11 bis 18 Uhr
- Samstag, Sonntag und an Feiertagen:
geöffnet von 10 bis 19 Uhr
- Anfang bis Mitte Oktober:
von 11 bis 18 Uhr

- Weitere Informationen unter:
prieuredorsan.com

DIE GÄRTEN von Schloss VALMER

✲ Chançay
Indre-et-Loire

In dem prächtigen, von historischen Mauern umgebenen Küchengarten von Schloss Valmer erlebt man ein lebendiges Schaufenster globaler Pflanzenvielfalt. Seltene und außergewöhnliche Sorten aus aller Welt werden hier in enger Zusammenarbeit mit renommierten botanischen Gärten bewahrt und kultiviert.

André Gide wetterte 1897 in seinem Werk »Les Nourritures terrestres« (Uns nährt die Erde) gegen Zwänge der bürgerlichen Familie: »Familles, je vous hais« (Familie, ich hasse euch). »Familles, je vous ai« (Familie, ich habe euch) waren die milderen Worte von Hervé Bazin in seinem Werk »Ce que je crois« (1977). Beide Aussagen unterscheiden sich nur durch zwei fehlende Buchstaben, und doch liegen dazwischen Welten: vom donnernden Groll bis zu unvermeidlicher Notwendigkeit. Im Gegensatz hierzu lässt sich die Geschichte der Familie Saint Venant in sanften Tönen beschreiben: »Familie, ich bin euch treu.«

Die Saint Venants, seit 1888 Eigentümer des Weinguts Valmer, sind nicht nur versierte Weinkenner, sondern haben auch eine ausgeprägte Vorliebe für Wissensvermittlung. Ihr reiches historisches Erbe würdigen sie beständig und großzügig.

Das Schloss Valmer selbst existiert heute nicht mehr. Vor rund fünf Jahrhunderten auf den Höhen des Brenne-Tals erbaut, soll es einst Karl VII. gehört haben. 1461 erwarb es der Hofmeister Jacques Binet, dessen Familie in späterer Zeit auf dem Felsplateau einen Garten im Stil der italienischen Renaissance anlegte: Weitläufige Terrassen, eingefasst von monumentalen Ziermauern, ziehen sich den Hang hinab bis zum Kanal, dessen Länge exakt der letzten Terrasse entspricht.

Thomas Bonneau, ein Berater Ludwigs XIII., der das Schloss im 17. Jahrhundert erwarb, ließ das ehrwürdige Steinportal und den Pavillonbau errichten. Ebenso eindrucksvoll ist die Felsenkapelle, die 1524 in den Tuffstein gehauen wurde.

Doch was wurde aus dem prächtigen Hauptgebäude, das so lange der Zeit getrotzt hatte? In einer tragischen Wendung der Geschichte fiel es 1948 einem Brand zum Opfer, den ein vergessenes Bügeleisen verursacht hatte.

Graf und Gräfin von Saint Venant, denen Valmer heute gehört, pflanzten in Erinnerung an den verlorenen Renaissancebau Eiben, deren Anordnung und Formen exakt die einstigen Fenster- und Türöffnungen nachzeichnen. Die ursprünglichen Brüstungen blieben erhalten und ermöglichen es Besuchern, den Garten vom mit Pflanzen nachempfundenen Schloss aus zu betrachten.

Wer die Schönheit von Valmer in ihrer Gesamtheit erfassen möchte, muss sich auf den Weg hinauf machen: 15 Meter über dem Schlossgraben bietet sich von der »Oberen Terrasse« aus ein überwältigender Blick auf die Terrassengärten, den »Großen Kanal«, das Tal sowie die Weinberge von Vouvray. Der Park von Valmer erstreckt sich über 80 Hektar, von denen 35 dem Weinbau gewidmet sind.

Auf der »Oberen Terrasse« erhebt sich, ein im 18. Jahrhundert gepflanzter Laubengang auf halbem Weg zum Hainbuchenlabyrinth, das nicht nur dem Auge schmeicheln, sondern auch dem Vergnügen dienen sollte: Zerstreuungen wie Versteck- und Fangspiele waren im Zeitalter der Aufklärung nicht alleine Kindern vorbehalten. Wer aus dem Labyrinth tritt, kann am Wegesrand wilde Orchideen entdecken. Neun Arten wachsen hier und samen sich durch den darauf abgestimmten Schnitt der Wiesen aus. So erblüht die ungezähmte Natur unter dem behutsamen Eingriff des Menschen.

Ab dem Frühling erfüllt der zarte Duft von Strauch-Pfingstrosen und 'Pierre-de-Ronsard'-Rosen die »Terrasse der Florentiner Brunnen«: Doch die wahren Stars sind zwei majestätische Japanische Schnurbäume, deren gewundene Äste wie bizarre Skulpturen in den Himmel ragen. Im Sommer, wenn sie in voller Pracht stehen, senken sich ihre langen, weißen Blütenstände bis zum Boden des Schlossgrabens.

Von hier aus führt ein Weg hinunter zur mit Formschnittgehölzen geschmückten »Leda-Terrasse«. Einst entdeckte Alix de Saint Venant tief in einem Schrank einen vergessenen historischen Plan der Gartenanlage, die sie originalgetreu nachgestaltete. Und so entspricht die elegante Bepflanzung der Terrasse exakt der Vorlage von 1695. Nur wenige Schritte weiter erreicht man die »Terrasse der Anduz-Vasen«. Ihre Mauer wird durch hohe Eibensäulen unterteilt, zwischen denen sich rosa leuchtende Lagerstroemien ausbreiten.

Zum Küchengarten hinab gelangt man über eine Treppe aus dem 18. Jahrhundert. Bis zum letzten Moment bleibt dem Besucher der Blick auf den Garten verwehrt, was seinen Anblick umso atemberaubender macht. Eine Besonderheit ist die 100 Meter lange Pergola, an der 400 tropische und subtropische Kürbisgewächse aus 60 Sorten ranken.

Der ein Hektar große Küchengarten ist das ebenso originelle wie sorgfältig durchdachte Lebenswerk von Alix de Saint Venant und ihren talentierten Gärtnern. Vor etwa 25 Jahren begann alles mit der behutsamen Wiederherstellung der historischen Gartenstruktur – mit Buchsbaumhecken und kunstvoll gezogenen Spalieren für eine Vielzahl von Obstbäumen.
Danach wurde der Küchengarten in vier Karrees unterteilt und mit alten Obst- und Gemüsesorten bepflanzt, die man bei passionierten Kollegen aus aller Welt aufspürte und zusammentrug.

Heute gedeihen im Küchengarten über 1000 Sorten: von Weißen Karotten über Yacón, Knollige Kapuzinerkresse, Knolligen Sauerklee und Schokoladenpaprika bis hin zu essbaren Blüten und 'Comtesse-de-Chambord'-Bohnen.

Das erklärte Ziel von Alix de Saint Venant war und ist es, eine große Pflanzenvielfalt zu bewahren, zu teilen und weiterzugeben. Worauf es ihr vor allem ankommt, ist es, die Menschen auch in Zukunft mit Nahrung zu versorgen, sie an den Reichtum der Natur zu erinnern und sie dadurch zum kreativen Gärtnern anzuregen. •

Auf den Spuren verborgener Schätze

Bis heute birgt das seit 1930 denkmalgeschützte Anwesen seine Geheimnisse. Der Legende nach ließ Jean Coustely während der Hugenottenkriege ein Geldversteck anlegen. Als im Jahr 1562 protestantische Soldaten das Schloss plünderten, folterten sie die Tochter der Familie, um ihr dieses geheime Versteck zu entlocken. Obwohl man ihr die Fußsohlen verbrannte, blieb sie standhaft. Doch der Maurer, der das Versteck mit verbundenen Augen angelegt hatte, verriet, an der besagten Stelle das Gurren von Tauben vernommen zu haben. Sogleich stürmten die Hugenotten zum Taubenschlag und fanden das Geld. Einen Schatz gibt es hier seitdem nicht mehr, doch beim »Garden Game« – einem sommerlichen Rätselspiel für die ganze Familie – kann man sich dennoch auf Spurensuche begeben.

Besucherinformationen

Château de Valmer
37210 Chançay
Tel. + 33 2 47 52 93 12

Öffnungszeiten

➛ Anfang Januar bis Ende April
Weinverkauf und Gartenbesichtigung nach Vereinbarung von Montag bis Freitag: 10 bis 12 Uhr und 14 bis 16 Uhr
➛ Sonderöffnungszeiten während der »Bons Plan(t)s de Valmer« am zweiten Aprilwochenende von 10 bis 18 Uhr

➛ Ende April bis Ende September
Von Mittwoch bis Sonntag und an Feiertagen durchgehend von 14 bis 19 Uhr

Sonderöffnungszeiten an bestimmten Feiertagen (z. B. Tag der Arbeit, Christi Himmelfahrt, französischer Nationalfeiertag, Mariä Himmelfahrt und Allerheiligen)

➛ Ende September bis Mitte Oktober und Anfang November bis Mitte Dezember
Weinverkauf und Gartenbesichtigung nach Vereinbarung, Montag bis Freitag: 10 bis 12 Uhr und 14 bis 16 Uhr. An Wochenenden geschlossen

➛ Weitere Informationen unter:
www.chateaudevalmer.com

SCHLOSS Le RIVAU

Lémeré
Indre-et-Loire

Ein Märchenschloss, umgeben von einem märchenhaften Garten: Inmitten von Blumen und Pflanzen lassen sich zeitgenössische Kunstwerke entdecken und machen den Besuch – zusammen mit der Gartengestaltung – zu einem Erlebnis für Jung und Alt. Nichts ist zufällig, alles zeugt von feiner Raffinesse.

Wie unter dem blauen Himmel Spaniens erhebt sich eines meiner Traumschlösser, stolz und strahlend, inmitten einer sanften Landschaft, die sich in der Weite des Horizonts verliert. Und doch steht es, ganz unerwartet, in Frankreich – an der Grenze zwischen Poitou und Touraine, auf einem so fruchtbaren Boden, dass man glauben könnte, seine 14 Themengärten seien durch Magie entstanden.

Das Schloss gehört seit 1992 Patricia und Éric Laigneau. Im Lauf der Geschichte hat der einstige Sitz der Adelsfamilie Beauvau zahlreiche Regenten kommen und gehen sehen: von Karl VII. bis Franz I. Hofleute, Krieger, Künstler und Träumer waren hier zu Gast – und Jeanne d'Arc, die sich hier 1429 mit Pferden für den Kampf gegen die englischen Belagerer von Orléans ausrüstete.

Die Ursprünge des Schlosses reichen bis ins 13. Jahrhundert zurück. Zwei Jahrhunderte später wurde es befestigt und in der Renaissance grundlegend modernisiert, was ihm sein unverwechselbares Antlitz verlieh: eine Burg mit Bergfried, Zinnen und Zugbrücke, jedoch zum Garten hin offen und geprägt von der Symmetrie und Ornamentik des 17. Jahrhunderts. Als eines der ältesten großen Schlösser im Loire-Tal steht Rivau seit 1918 unter Denkmalschutz. Bis heute bewahrt es seine königlichen Stallungen, eine historische Zehntscheune, eine Kelterei und mehrere weitere Nebengebäude. Nach Jahrhunderten der Kriegswirren drohte das Anwesen zeitweise in Vergessenheit zu geraten, bevor es zu neuem Leben erwachte.

Es wäre nachlässig, Rivau zu verlassen, ohne einen Blick auf »Gargantuas Gemüsegarten« zu werfen, der regionale Sorten aus dem Centre-Val de Loire für die Nachwelt bewahrt.

Beharrlich und geschickt haben die Laigneaus dem Schloss in über 30 Jahren unermüdlicher Arbeit zu neuem Glanz verholfen. Ein »spanisches Märchenschloss« vor Augen und inspiriert von mittelalterlichen Kupferstichen, entwickelte Patricia Laigneau – eine ausgebildete Landschaftsarchitektin – ihre kreative Vision und das märchenhafte Konzept des Gartens. Seit 2003 ist der Garten von Rivau als *Jardin Remarquable* ausgezeichnet und lädt mit seiner fantasievollen Gestaltung zum Entdecken ein. Unabhängig von der jeweiligen Jahreszeit sorgt seine Schöpferin dafür, dass stets mindestens zwei der Gartenbereiche in voller Blüte stehen. Die Gärten erstrecken sich auf sechs Hektar Fläche und jeder Bereich ist einem eigenen Motiv und einer vorherrschenden Farbe gewidmet. Rivau ist ein Paradies für kleine Besucher und wer noch unschlüssig ist, wo er den Rundgang beginnen soll, folgt einfach den Kinderstimmen.

Im »Garten des kleinen Däumlings« berauscht eine Symphonie warmer Blütenfarben: Narzissen und Osterglocken verkünden den Frühling, gefolgt von gelben und orangefarbenen Rosen. Wer es feuriger mag, folgt dem »Feenpfad«, wo zu Sommerbeginn Tulpen und Japanisches Blutgras 'Red Baron' mit scharlachroten Rosen um die Wette leuchten.

Bevor man sich im Buchsbaumlabyrinth auf die Suche nach »Alice im Riveauland« begibt, empfiehlt sich ein Abstecher in den »Garten der Liebestränke«: Hier wachsen zahlreiche Heilpflanzen und eine Fülle von duftenden Rosen in allen erdenklichen Rosaschattierungen.

Von der Aufregung dieser Abenteuer kann sich der Besucher in der »Duftallee« erholen: Weiß und blau blühende Pflanzen, durchzogen von purpurfarbenen Knoblauchblüten, zieren hier eine englische Rabatte. Ein Spaziergang durch den »Geheimen Garten«, ein weiterer durch das betörende »Lavendelparterre« – und schon steht man im »Laufenden Wald«, wo fünf aus Holz gefertigte, riesige Beinpaare dem Betrachter entgegenzulaufen scheinen.

Eine Meisterleistung von Rivau ist es, Mittelalter, Renaissance und zeitgenössische Kunst zu verbinden. Insgesamt 22 von renommierten Künstlerinnen und Künstlern geschaffene Werke ziehen im Garten große und kleine Besucher in ihren Bann und entführen in die Welt der Träume und Märchen. So etwa im Obstgarten, wo man sich angesichts der überdimensionalen »Siebenmeilenstiefel« – laut ihrem Schöpfer Lilian Bourgeat zwei linke Exemplare, die in einem Laden für Riesen unverkauft blieben – winzig klein fühlt.

Noch immer geschrumpft nähern wir uns einer riesigen Sake-Schale, deren Boden der japanischen Tradition gemäß ein erotisches Motiv schmückt. Anders als erwartet, wird hier jedoch nichts enthüllt. Ihr Titel verrät den Grund: Die von der Künstlerin Nicole Tran Ba Vang geschaffene Skulptur heißt »Après la pluie« (Nach dem Regen). Auch innerhalb der Schlossmauern trifft man auf Kunst in all ihren Facetten: von der Sammlung kostbarer Renaissancemöbel über jährlich wechselnde Ausstellungen zeitgenössischer Werke bis hin zu gotischen Kaminen. Wer den Festsaal durchquert, sollte den Blick nach oben richten, um das von einem italienischen Meister geschaffene Deckenfresko zu bewundern. Und im Hauptwohntrakt taucht man in die Welt der Waffen und Bankette ein.

Es wäre nachlässig, Rivau zu verlassen, ohne einen Blick auf den »Cassinina-Garten« mit über 500 Duftrosensorten sowie auf »Gargantuas Gemüsegarten« zu werfen, der regionale Sorten aus dem Centre-Val de Loire – darunter über 50 Kürbissorten – für die Nachwelt bewahrt. Der Name des Letzteren spielt auf den satirischen Roman »Gargantua « von François Rabelais an. In einer Episode des Werks schenkt der Riese Gargantua das Château du Rivau seinem Gefährten und Hauptmann Tolmère. Und so verknüpft die literarische Schenkung das reale Schloss mit der fiktiven Welt. Ganz wie es sich für ein »Märchenschloss« gehört. •

Märchenhaft speisen und nächtigen

♥ *Im Château du Rivau fehlt es wahrhaft an nichts. So befindet sich im Obergeschoss der historischen königlichen Stallungen ein 4-Sterne-Hotel mit sieben luxuriös eingerichteten Zimmern, die jeweils bedeutenden Persönlichkeiten der Renaissance und des Mittelalters gewidmet sind. Wer hier nächtigt, hat allabendlich freien Zugang zu den zauberhaft beleuchteten Gärten. Nach dem Spaziergang kann man auf der Terrasse des Restaurants »La Table des Fées« oder im »Jardin secret« im Schlossinnenhof Gerichte aus frischen, lokalen Produkten genießen. Kunstausstellungen, ein breites Kinderprogramm und Themenführungen für jeden Geschmack ergänzen das Angebot.*

Besucherinformationen

Château du Rivau
9, rue du Château
37120 Lémeré
Tel. +33 2 47 95 77 47
info@chateaudurivau.com

Öffnungszeiten

➳ Empfang, Gruppenangebote und »La Table des Fées«: +33 2 45 95 77 47
info@chateaudurivau.com

➳ Hotel: +33 6 62 91 54 43
hotel@chateaudurivau.com
➳ Restaurant »Jardin secret«: +33 6 59 06 86 33
jardinsecretrivau@gmail.com

➳ Öffnungszeiten Schloss und Garten:
täglich von Ende März bis Mitte November
➳ Ende März bis Ende April: 10 bis 18 Uhr
➳ Anfang Mai bis Ende September: 10 bis 19 Uhr
➳ Anfang Oktober bis Mitte November:
10 bis 18 Uhr

➳ Weitere Informationen unter:
www.chateaudurivau.com

DIE GÄRTEN von Schloss VILLANDRY

✵ Villandry
Indre-et-Loire

Das Schmuckstück von Villandry ist sein prachtvoller Küchengarten, der vom historischen Gartenplan des Klosters St. Gallen inspiriert ist. Und wer in den Ziergärten wandelt, die französische, andalusische und maurische Elemente und Traditionen verbinden, wird sich kaum der Magie entziehen können, die der Garten verströmt.

In Orléans aufgewachsen, ließ Jean Le Breton das Kleinbürgertum früh hinter sich und heiratete die Tochter des königlichen Finanzsekretärs. Schon bald übernahm er dessen Amt und gewann das Vertrauen des Königs. Nachdem er an Feldzügen in Italien teilgenommen hatte, wurde er mit der Bauleitung von Schloss Chambord betraut und erwarb selbst 1532 die Burg Colombiers.
Dieses Anwesen, das er vollständig renovieren ließ und das später als Villandry bekannt wurde, zählt heute zu den letzten großen Renaissanceschlössern an der Loire. Sein steingewordenes Vermächtnis ist heute UNESCO-Weltkulturerbe.

Von der einstigen Festung hat nur der mächtige Bergfried die Zeit überdauert. Heute wird er von drei harmonischen Flügeln umrahmt, die ein offenes »U« formen. Sie umschließen einen Ehrenhof, der sich zum Tal hin öffnet, in dem Cher und Loire gemächlich durch die Landschaft fließen. Offenheit, Harmonie und Helligkeit – drei Schlüsselbegriffe der Renaissance – verdrängten die trutzigen Bauten und rauen Sitten des Mittelalters. Heute verleihen filigrane Sprossenfenster, reich geschmückte Pilaster und luftige Arkaden dem Schloss eine heitere Eleganz.

Im Lauf der Jahrhunderte durchlebte das Anwesen wechselvolle Zeiten, in denen verschiedene Besitzer das Schloss erweiterten, verschönerten und vernachlässigten. 1906 erwarb der spanisch-französische Arzt Joachim Carvallo das Schloss und rettete es vor dem Abriss.

Zu Anfang erschien die Aufgabe übermächtig. Doch Carvallo ließ sich nicht entmutigen. Er widmete Villandry sein Leben, restaurierte das Schloss und hauchte dem Garten mithilfe historischer Beschreibungen und Pläne neues Leben ein. Wie der Schlossbau war auch der Garten den wechselnden Launen der jeweiligen Besitzer unterworfen: vom mittelalterlichen Nutzgarten über den Renaissance- und französischen Gartenstil bis hin zum englischen Landschaftsgarten. Heute vereinen sich all diese Einflüsse zu einem harmonischen Ganzen.

Ein Spaziergang durch Villandry ist eine Reise durch Raum und Zeit. Verschiedene Epochen der französischen Gartenkunst vermischen sich mit andalusischen und maurischen Anklängen. Joachims Urenkel, Henri Carvallo, ließ den sechs Hektar großen Garten behutsam erneuern und gliederte ihn in sieben Themenbereiche, verteilt auf vier Terrassen.
Die Ziergärten – der »Garten der Liebe« und der »Kreuzgarten« – entstanden zu Beginn des 20. Jahrhunderts in Zusammenarbeit mit einem spanischen Maler und Landschaftsarchitekten. Aus der Vogelperspektive erscheint der in Pflanzquadraten angelegte »Garten der Liebe« als ein schillerndes Mosaik aus Formen und Mustern, die von allen Facetten der Liebe erzählen: Durch Flammen getrennte Herzen stehen

Heute ist Villandry UNESCO-Weltkulturerbe.

für die zärtliche Liebe, die leidenschaftliche Liebe symbolisiert ein gebrochenes Herz und die unbeständige Liebe wird durch vier Fächer und Hörner dargestellt – ein Sinnbild für den betrogenen und verhöhnten Liebenden. Im Frühling sprießen zarte Tulpen und Vergissmeinnicht zwischen skulpturalen Eiben und bereichern die aufwühlende und betörende Farbpalette. Doch ebenso wie die Liebe ist auch die Natur launisch und ihre Blüte weicht bald den gelb, rot und weiß blühenden Begonien, die triumphierend den Sommer verkünden.

Im »Wassergarten« hingegen herrscht einträchtige Stille: Blumen haben hier keinen Platz. Stattdessen ruht der Blick, inmitten von sattem Grün und leise plätschernden Fontänen, auf dem spiegelnden Wasserbecken. Zwischen schattenspendenden Linden spaziert man auf symmetrisch angelegten Kieswegen, gesäumt von schlichten Rasenflächen.

Und natürlich findet man in Villandry auch ein mittelalterlich inspiriertes Labyrinth: In der griechischen Mythologie ein Ort des Todes, wurde es im Mittelalter zum Symbol des Lebens – ein Weg der Entdeckungen und Freuden. Inmitten der quadratischen Hainbuchenhecken soll es eine Abkürzung geben, die direkt in seine Mitte führt. Doch Vorsicht: Hochmut kommt vor dem Scheitern!

Ob wir im Sprint oder im Marathonlauf ans Ziel gelangen, spielt keine Rolle. Denn am Ende des Weges erwartet uns stets das Licht: Der »Sonnengarten« – bereits von Joachim Carvallo erdacht, doch erst 2008 angelegt – gliedert sich in drei modern gestaltete Bereiche: Den Mittelpunkt des »Sonnenraums« bildet ein Wasserbecken in Form eines achtzackigen Sterns, umgeben von strahlenförmigen Wegen. Den »Wolkenraum« unterteilen verträumte Graspfade in wolkig bepflanzte Dreiecke und der »Raum der Kinder« erfreut mit Spielgeräten und Zierapfelbäumen. Die Gärten sind mit Stauden bepflanzt, die Insekten wie Schmetterlinge, Bienen und Marienkäfer anlocken. Diese lebendige Vielfalt hat dem Garten die LPO-Plakette des französischen Vogelschutzverbands *Ligue pour la Protection des Oiseaux* eingebracht.

Zum Abschluss bietet sich ein Besuch im dekorativen Küchengarten an. Als stilistische Fortsetzung des Schlosses bildet er ein geschlossenes Viereck, flankiert von drei Terrassen, die ihn wie einen Kreuzgang umrahmen. Seine neun Quadrate gliedern sich in geometrische Muster aus mit niedrigem Buchs eingefassten Beeten, bepflanzt mit Obstgehölzen, Gemüse und Blütenpflanzen. Harmonisch geordnet und farblich vielfältig gedeihen hier seltene Birnen- und Apfelsorten, Hochstammrosen, Narzissen, Tulpen, Batavia-Salate, Auberginen, Bohnen und viele weitere Pflanzen. Hier zeigt sich, dass Villandry mehr ist als raffinierte Gartenkunst: Es ist eine Verneigung vor dem Leben. •

Ganzjährig sehenswert

Villandry zählt zu den wenigen großen Gärten Frankreichs, die ganzjährig geöffnet haben. »Wir alle sind seine Förderer«, beschreibt es Henri Carvallo treffend. Drei besondere Veranstaltungen bestätigen dies: Jährlich am ersten Juniwochenende bietet Villandry beim landesweiten Gartenfestival »Rendez-vous aux jardins« ein buntes Programm im Zeichen der Gartenkunst. Anfang August verwandeln während der »Nuits de Mille Feux« 2000 Kerzen, Musik, Unterhaltung und ein spektakuläres Feuerwerk den Garten in ein funkelndes Märchenreich. Und während der »Europäischen Tage des Kulturerbes« am dritten Septemberwochenende erhalten Besucher spannende Einblicke in die Arbeit von Kunsttischlern, Steinmetzen und anderen Handwerkern, die sich der Erhaltung des Schlosses widmen.

Besucherinformationen

Château de Villandry
3, rue Principale
37510 Villandry
Tel. +33 2 47 50 02 09
info@chateauvillandry.com

Öffnungszeiten

- Die Gärten sind ganzjährig geöffnet, außer am 25. Dezember
Das Schloss öffnet jährlich von Anfang Februar bis Mitte November und von Ende November bis Anfang Januar des Folgejahres (außer am 25. Dezember).

- Öffnungszeiten: 9.30 bis 17.30 Uhr im Winter, 9 bis 19 Uhr im Frühling und Sommer und 9 bis 18.30 Uhr im Herbst

- Weitere Informationen unter: www.chateauvillandry.fr

BLUMENPARK von APREMONT

✻ Apremont-sur-Allier
Cher

Der vor fast 50 Jahren von Gilles de Brissac gegründete Blumenpark verschmilzt harmonisch mit der umgebenden Landschaft. Charme und Fantasie erfüllen hier jeden Winkel: von originellen Zierbauten bis hin zum nahtlos in den Park übergehenden Dorf, das selbst wie ein Teil der Gartengestaltung erscheint.

Eine Frage, die stets für Gesprächsstoff sorgt: »Wenn Sie durch die Zeit reisen könnten, würden Sie dann lieber die Vergangenheit oder die Zukunft wählen?« Während Optimisten nach vorne blicken, sehnen sich Pessimisten eher in vergangene Zeiten zurück. Doch ist diese Sehnsucht nach Vergangenem nicht eher »Nostalgie« – jene stille Melancholie, die auch den historischen Charme des Blumenparks von Apremont kennzeichnet? Denn Dorf, Park und Schloss scheinen einem verschwundenen Land aus lang schon vergangenen Tagen anzugehören.

Selbstverständlich werden hier auch jene Menschen unter uns, die mehr in die Zukunft blicken als zurück, mit jener Höflichkeit empfangen, die so sprichwörtlich ist für die guten alten Zeiten. Sollte uns die Zukunft eines Besseren belehren, dürften ihre Anhänger gewiss auf die kultivierte Entschuldigung jener zählen, die das Erbe alter Zeiten mit Bildung und Anstand bewahren.

Die nur 70 Einwohner zählende Gemeinde Apremont-sur-Allier wirkt, als sei sie einem Märchenbuch entsprungen: Die Häuser – aus hellem Stein und mit braunen Ziegeln gedeckt – stammen aus dem Mittelalter, Rosen, Glyzinien und Lavendel schmücken die Fassaden. Buchsbaumhecken, Hortensien, Pfingstrosen und üppig blühende Küchengärten geben einen Vorgeschmack auf den nahe gelegenen Park. Auch die Umgebung scheint der Gegenwart zu trotzen: Charolais-Rinder und Schafe weiden an stillen Teichen, hier und da durchbrechen Bäume den Horizont, Wiesen bedecken die sanften Hügel und der gemächlich am Dorfrand entlangfließende Allier mündet fünf Kilometer weiter in die Loire.
Und doch ist dieses Örtchen, das der Zeit entrückt scheint, kein Fantasiegebilde. Obwohl es kein Traum ist, präsentiert es sich als ein modernes Märchen, das man mit offenen Augen träumen kann. Einige der schmucken Häuschen wurden in Ferienwohnungen und Gästezimmer umgewandelt. Ihre Besucher sind eine willkommene, wenn auch fast fremde Erinnerung an die vernetzte Welt der heutigen Zeit.

Wer das Schöne liebt, fühlt sich unweigerlich angezogen von dem Dorf wie auch vom Schloss aus dem 15. Jahrhundert mit seinen wehrhaften Türmen und Schießscharten. Vielleicht noch stärker ist der Zauber dessen, was einst Gilles de Brissac hier schuf, der Nachfahre eines altehrwürdigen Adelsgeschlechts und von Generationen von Schlossherren. In den 1970er-Jahren beschloss der Landschaftsarchitekt de Brissac, das Schloss um einen Garten zu erweitern. Sämtlichen Hindernissen zum Trotz ließ er auf den Anhöhen des Geländes ein Wasserreservoir ausheben, das heute die Teiche des Parks speist. Zusätzlich wurden 800 Tonnen Stein herbeigeschafft, um einen Wasserfall anzulegen. Denn damals war hier nichts – außer vier alte Linden.

Nachdem die Vorarbeiten abgeschlossen waren, entwarf er einen fünf Hektar großen englischen Garten, ergänzt um französische Stilelemente und exotische Staffagebauten. Dem Geist der Aufklärung entsprungen, erinnern sie an ferne Länder.
Von Blumenduft begleitet, spaziert der Besucher zum »Weißen Garten«, inspiriert vom berühmten Park von Sissinghurst in Kent. Ein seidig glänzender Rasen umgibt hier die letzten Häuser des Dorfes, während kegelförmige Hainbuchen die in sanften Weiß-, Silber-, Grau- und Grüntönen bepflanzten Beete säumen. Im Lauf der Jahreszeiten erblühen alte Rosensorten, *Clematis*, Hortensien und Pfingstrosen zu cremefarbenen Wolken, die die alten Linden ins rechte Licht setzen. In ihrem sanften Schatten gelangt man zu einer mit Chinesischem und Japanischem Blauregen bepflanzten Allee. Im Frühling – so erzählt Louise Hurstel, die heutige Eigentümerin des Schlosses – verwandelt sich die Allee in ein duftendes, violett leuchtendes Blütengewölbe.
Im weitläufigen Arboretum beeindrucken aus der Region und der ganzen Welt stammende Gehölze mit botanischer Vielfalt: Hängebuchen, *Ginkgo biloba*, Echte Sumpfzypressen, Japanischer Ahorn, majestätische Tulpenbäume und viele weitere Gehölze erinnern an die großen Pflanzensammlungen des 18. und 19. Jahrhunderts.
Formvollendete Hecken gliedern die Rasenflächen, die von farbenfrohen Frühlings- und Sommerrabatten gesäumt sind. Im jährlichen Blütenreigen folgen Rittersporn, Pfingstrose, Iris, Zierlauch und Dahlien auf Stiefmütterchen und frühe Tulpen.
Unbeeindruckt vom floralen Spektakel – ihrer eigenen Schönheit und Bedeutung gewiss – erheben sich die drei »Follys« des Parks über dem Wasser und dem Hügel.

Der älteste und wohl bekannteste dieser Zierbauten ist die 1985 errichtete »Chinesische Brücke«. Leuchtend rot lackiert und von einer filigranen Pagode gekrönt, wetteifert sie mit den sorgfältig gepflegten Rasenflächen. Aus Holz und Stahl gefertigt, überspannt die Brücke einen von Bambus, Magnolien und Azaleen gesäumten Teich. Ein hölzerner Steg führt von fernöstlicher Eleganz zu orientalischer Anmut: Mit seiner spitz zulaufenden Kuppel aus dunklem Schiefer und verziert mit schmiedeeisernen Beschlägen und Halbmonden, scheint der »Türkische Pavillon« über dem Wasser zu schweben. Im Inneren des Pavillons illustrieren vier Gemälde von Jacques Roubinet den Kreislauf der Jahreszeiten.

Hat man diesen orientalischen Traum hinter sich gelassen, führt der Weg, sanft zum Hügel ansteigend, ins russische Zarenreich. Der achteckige Belvedere – die jüngste »Folly« des Parks – entstand 1997 und ist vom Palast von Pawlowsk bei Sankt Petersburg inspiriert. Großformatige Fayencen, gefertigt nach Gemälden von Alexandre Serebriakoff, schmücken das Innere. Sie erzählen von der abenteuerlichen Suche venezianischer Pulcinellas – jener volkstümlichen Figuren aus der italienischen Commedia dell'arte – nach dem idealen Ort zum Leben. Und vielleicht, so scheint es, haben sie ihn hier gefunden: gegenüber dem mit Wasserspeiern geschmückten Schloss, eingebettet in eine Landschaft, die aus der Zeit gefallen zu sein scheint. •

Ein Paradies für Nostalgiker

♥ *Das Schloss selbst lässt sich zwar nicht besichtigen, doch die historischen Stallungen werden seit 2024 zu neuem Leben erweckt: Ein 30-minütiger Erlebnisrundgang mit originalgetreuen Kulissen, Inszenierungen und Filmsequenzen entführt die Besucher auf eine Zeitreise ins Jahr 1900. Dabei lernen sie Eugène und Antoinette Schneider, die damaligen Schlossherren, kennen und können die letzten Vorbereitungen für ihre Abreise nach Paris miterleben. Diener huschen geschäftig durch die Szene, Stallburschen und Kutscher bereiten die Pferde vor und in den Stallungen lassen sich historische Kutschen und frühe Automobile bewundern.*

Besucherinformationen

Parc Floral d'Apremont
18150 Apremont-sur-Allier
Tel. +33 2 48 77 55 06
info@apremont-sur-allier.com

Öffnungszeiten

➛ Täglich geöffnet von Ende März bis Anfang Oktober:
10.30 bis 12.30 Uhr und 14 bis 18 Uhr

➛ Zusätzlich geöffnet an allen Wochenenden bis Anfang November:
10.30 bis 12.30 Uhr und 14 bis 18 Uhr

➛ Weitere Informationen unter:
www.apremont-sur-allier.com

SCHLOSS Le LUDE

✲ Le Lude
Sarthe

Am Fuße von Le Lude laden die Schlossgärten mitsamt Labyrinth, Rosengarten und einem englischen Landschaftspark zum Flanieren ein. Von den elegant angelegten Terrassen bietet sich ein herrlicher Blick auf einen außergewöhnlichen, landwirtschaftlich genutzten Park.

Vor rund 40 Jahren verließ Barbara, eine junge Frau aus Flandern, ihre Heimat, um an der Seite ihres ebenso jungen Ehemanns, des Grafen von Nicolaÿ, einen neuen Lebensweg zu beschreiten. Doch ihr neues Zuhause war kein gewöhnlicher Ort: Der Graf, der einer langen Adelslinie entstammte, schenkte ihr ein Schloss – eines der nördlichsten auf der berühmten Route der Loire-Schlösser. Von der Brücke aus, über die man die Gemeinde Le Lude erreicht, blickte Barbara de Nicolaÿ zum ersten Mal auf das mächtige, viereckige Bauwerk mit seinen sechs Türmen, dessen Fassade die Entwicklung der französischen Baukunst über nahezu zehn Jahrhunderte hinweg repräsentiert.

Der Frühling war erwacht und Vögel zwitscherten, als die junge Gräfin neugierig durch die Gärten streifte. Durch ihr Interesse für Gartenkunst war sie sogleich von der prachtvollen Gestaltung aus dem 17. Jahrhundert mit ihren im italienischen Stil angelegten Terrassen, die sich bis zum Ufer des Loir hinabzogen, begeistert. Trotz seiner historischen Schönheit wirkte das Anwesen auf sie etwas in die Jahre gekommen. Verwundert darüber, dass keine Rosen die Beete und Rabatten zierten, wandte sie sich an den alten Gärtner. »Das liegt daran«, erkläre dieser, »dass der Marquis de Talhouët stets im Sommer hierherkam. Ich schneide die Rosen Mitte Mai zurück, damit sie pünktlich im Juli in voller Blüte stehen«. Allerdings war der einstige Hausherr bereits 30 Jahre zuvor verstorben. Von nun an nahm die Gräfin die Aufsicht über

die Gärten selbst in die Hand. Unterstützt von ihrem Bruder, dem Landschaftsarchitekten Augustin d'Ursel, hauchte sie dem Garten neues Leben ein. Heute ist die Anlage als *Jardin Remarquable* ausgezeichnet.

Bevor wir uns den einzelnen Gartenbereichen und dem Park widmen, lohnt sich ein Blick auf das imposante Schloss. Auf halbem Weg zwischen Tours und Le Mans gelegen, wurde es ursprünglich als Festung errichtet und während des Hundertjährigen Kriegs von den Engländern besetzt. Im 15. Jahrhundert ging es in den Besitz von Jean Daillon, Kammerherr Ludwigs XI., über und wurde nach und nach zu einem Lustschloss umgestaltet. Mit 2000 Quadratmeter Fläche und einer Höhe von 35 Metern ist es ein monumentales Zeugnis französischer Baukunst.
Im Lauf der Zeit erweiterten die Besitzer das Schloss entsprechend dem vorherrschenden Geschmack der jeweiligen Zeit, jedoch unter Berücksichtigung der vorhandenen Bausubstanz. Gebäudeteile im Stil der Renaissance, des Neoklassizismus und der Neugotik gruppieren sich seither harmonisch um die mächtigen mittelalterlichen Rundtürme. So schmücken Steinmedaillons und Sprossenfenster die eine Fassade, während eine andere einen breiten Giebel und einen von zwei Pavillons gerahmten Hauptbau aufweist. Im Ehrenhof sind die Pilaster, die die Fenster einrahmen, mit schwarzen und rosafarbenen Marmorplatten verziert. Jeder Stein, jedes Ornament des Schlosses lädt so zu einer Reise durch die Architekturgeschichte ein.

Die Innenräume des Schlosses stehen der äußeren Pracht in nichts nach. Besonders ein Raum zieht die Blicke auf sich: das Studiolo im Erdgeschoss des Südwestturms: Das Studierzimmer im Stil der italienischen Renaissance ist eine Seltenheit in französischen Schlössern. Mit mehreren Bildzyklen, die Wände und Decke vollständig bedecken, bildet es ein kunstvoll gestaltetes Gemäldekabinett. Der erste Zyklus stammt aus der Schule Raffaels, ein zweiter zeigt sieben bildhafte Szenen: vom »Triumph der Keuschheit« über eine Jagdszene bis hin zur Arche Noah.

Angesichts der acht Hektar voller gartengestalterischer Raffinessen, die es hier zu entdecken gilt, beginnt man den Gartenrundgang am besten auf der obersten Terrasse. Hoch über dem Tal erhebt sich eine imposante, 200 Meter lange Steinbalustrade, die die geometrisch angelegten Broderiebeete, eingefasst von Tulpen, Storchschnabel, Lavendel, Salbei und Lilien, begrenzt. Unterhalb dieser Terrasse öffnet sich der »Sporngarten« – ein Labyrinth aus Hainbuchen-, Liguster- und Eibenhecken. Wer fürchtet, dass ihm angesichts dieses Verwirrspiels die Orientierung verloren geht, kann beruhigt sein: Am Ende der pflanzlichen Sackgassen warten einladende Bänke.

Einen weiteren Gartenraum bildet der von Eibenhecken umschlossene Rosengarten, der den chinesischen Rosen, Teerosen und Teehybriden gewidmet ist. Von Mai bis Dezember blühen hier unter anderem 'Mutabilis'- und 'Archiduc-Joseph'-Rosen – eine respektvolle Geste der Gräfin gegenüber dem Marquis.

Im unteren Garten, der im französischen Stil formal gestaltet ist, gruppieren sich in Form geschnittene Eiben und Magnolien um stille Wasserbecken, in denen sich duftende Sträucher spiegeln. Weiter unten im Gelände schließt sich der landwirtschaftlich genutzte Park an, der sich bis zum Flussufer erstreckt. Mit seinen weitläufigen Wiesen, umgeben von alten Baumgruppen, wirkt er in unserer auf Effizienz ausgerichteten Zeit fast anachronistisch. Beschaulich grasen auf den Weiden Charolais-Rinder und Pferde und erwecken den Eindruck vollkommener Zeitlosigkeit.

Zu den Gärten von Le Lude gehört auch ein botanischer Pfad, gesäumt von exotischen Gehölzen aus China, inmitten einer naturnahen Landschaft, die in den Küchengarten übergeht.
Auf drei Ebenen und über drei Hektar Fläche gedeihen in von Buchshecken eingefassten Beeten alte Tomatensorten, Auberginen, Kürbisse, Bohnen, Spinat und viele andere Gemüsesorten. Umgeben sind sie von süß duftenden Apfel- und Birnbäumen, Pfirsichen, Aprikosen, Johannisbeer- und Himbeersträuchern, Gewächshäusern und einer Orangerie. Wer nach dem Rundgang allzu überwältigt von den vielfältigen Eindrücken ist, kann hier wieder zur Ruhe kommen und die Schönheit von Le Lude in angemessener Weise genießen. •

»Fest der Gärtner«

Die »Fête des jardiniers« findet traditionell Ende Mai bzw. Anfang Juni statt. Gartenfreunde und Liebhaber schöner Bücher treffen sich hier, um sich über ihre Projekte auszutauschen und Sammlerpflanzen von rund 60 Ausstellern zu bewundern. Zahlreiche Workshops, vor allem für Kinder, bereichern das Programm. Sonntags werden in den mittelalterlichen Schlossküchen Marmeladen über offenem Holzfeuer zubereitet und mit köstlichen Crêpes serviert.

Besucherinformationen

Château du Lude
4, Rue Jehan de Daillon
72800 Le Lude
Tel. + 33 2 43 94 60 09
contact@lelude.com

Öffnungszeiten

➛ Geöffnet von Anfang April bis Mitte November

➛ Anfang April bis Ende September:
täglich (auch an Feiertagen)

➛ Anfang bis Mitte Oktober:
jedes Wochenende (nur nachmittags)

➛ Mitte Oktober bis Anfang November:
täglich (nur nachmittags)

➛ Anfang bis Mitte November:
täglich (nur nachmittags)

➛ Weihnachtsferien (20. bis 23. Dezember, 26. bis 30. Dezember und 2. bis 4. Januar): nachmittags

➛ Schlossbesichtigung:
letzter Einlass 30 Minuten vor Schließung

➛ Anfang April bis Ende Juni: 11 bis 12.30 Uhr • 14.30 bis 18 Uhr
➛ Ende Juni bis Ende August: 10.30 bis 13 Uhr • 14.30 bis 18 Uhr
➛ September: 11 bis 12.30 Uhr • 14.30 bis 18 Uhr
➛ Ab Oktober: 14 bis 18 Uhr

➛ Weitere Informationen unter:
www.lelude.com

Grand Est

Der Garten von Berchigranges, Vogesen • Granges-sur-Vologne

DER GARTEN von BERCHIGRANGES

✡ Granges-sur-Vologne
Vogesen

Berchigranges ist ein liebevoll gestaltetes Gartenkunstwerk, das trotz stilistischem Facettenreichtum seine innere Harmonie bewahrt hat. »Wir haben das umgesetzt, wovon wir geträumt haben«, scheint hier das Motto zu lauten. Inmitten einer einzigartigen Narzissensammlung, eines rauschenden Meers aus blühenden Stauden und eines stillen Moosgartens wird jeder Schritt zu einem wahren Erlebnis.

Es gibt Geschichten, die sich tief ins kollektive Gedächtnis einer Region eingraben. So auch in den geheimnisvollen Vogesen mit ihren dunklen Nadelwäldern voll rauer Schönheit: Noch immer liegt der Schatten eines verlorenen Kindes, ertrunken in der Vologne, über der Gegend – einer der rätselhaftesten Kriminalfälle der französischen Geschichte.

Etwa 40 Jahre später spürt man heute in Lépanges-sur-Vologne vor allem die stille Melancholie des Lebens. Wer den Blick hebt, der kann sich verlieren in jener »blauen Linie der Vogesen«, von der der Staatsmann Jules Ferry, der in seinem Heimatort Saint-Dié die letzte Ruhe fand, so poetisch schrieb: »Vor dieser blauen Linie der Vogesen möchte ich ruhen, von wo aus die rührende Klage der Besiegten zu meinem treuen Herzen aufsteigt.«

Die darin beschriebene Niederlage der französischen Armee im Deutsch-Französischen Krieg von 1870/71 ist eine weitere albtraumhafte Erinnerung. Mit all jenen – laut ausgesprochenen und still erinnerten – Geschichten im Gepäck wendet man sich befreit in der belebenden Landschaft nach Osten in Richtung der Höhenzüge der Vogesen. Eingebettet in dieses Bergparadies, 15 Kilometer von Lépanges entfernt, liegt oberhalb der Gemeinde Granges-Aumontzey und der Vologne der Garten von Berchigranges. Auch er erzählt eine Geschichte. Doch diesmal eine heitere, strahlende – geboren aus der Liebe einer Frau und eines Mannes.

Die aus der Region stammende Monique Dronet war eine passionierte Gärtnerin und Pflanzensammlerin. Doch ihrem späteren Mann, dem Stadtgärtner Thierry Dronet, der begonnen hatte, in einem ehemals als Fichtenplantage genutzten Granitsteinbruch einen Garten anzulegen, begegnete sie anfangs mit Skepsis.
Doch je mehr sie die mitreißende Fantasie, den unbeirrbaren Willen und die spektakulären Visionen des Neuankömmlings kennenlernte, desto mehr verwandelte sich ihr anfänglicher Spott in tief empfundene Zuneigung. Schließlich sprang der Funke über und das Paar fand zueinander. Fehlte nur noch ein Kind: Doch es sollte keines aus Fleisch und Blut werden, sondern ein Garten.

Mithilfe Hunderter Lastwagen voll nährstoffreicher Erde, um den Boden zu verbessern, ebenso vielen Lastern, um die gefällten Fichten abzutransportieren, und einer fast unerschöpflichen Geduld entstand in 650 Meter Höhe eine drei Hektar große Gartenlandschaft.

Nach und nach entfernten die Dronets die Fichten und legten einen Garten an. Dabei folgen sie keinem festen Plan, sondern ließen sich von Intuition und den Jahreszeiten leiten. Ihr einziger Antrieb war der Wunsch, den Artenreichtum der Natur wiederherzustellen.

Mit viel Lust am Ausprobieren widmeten sie sich eingehend der Pflanzenwelt der nördlichen Hemisphäre. Heute gedeihen über 4000 Sorten in ihrem Gartenparadies, das zahlreichen Insekten und Vögeln einen wertvollen Lebensraum bietet. Das Leitbild der kunstsinnigen Gartenschöpfer lautet: »Ein Garten entsteht dort, wo Mensch und Natur in Verbindung treten.« Wer Berchigranges betritt, kann dies sofort spüren. Im Lauf der Jahre entstanden hier rund 20 Gartenräume, die sich jeweils in ihrer Gestaltung und Atmosphäre unterscheiden. In den 1990er-Jahren angelegte Beete mit historischen Rosen stehen heute neben einem in jüngerer Zeit als naturnahe, wilde Blumenwiese gestalteten »Bohème-Garten« und veranschaulichen auch die sich wandelnde Beziehung zwischen Mensch und Natur.

Ein Spaziergang durch den Garten ist wie eine Reise durch die Zeit und ein spannendes Erlebnis. Im oberen Teil des Gartens entdeckt man die »Chambre des Dames« (Damenzimmer): ein achteckiger, kunstvoll gestalteter Gartenraum, der von Hecken eingefasst und den Duftpflanzen gewidmet ist. Er liegt neben einem klassischen Cottage-Garten, wo Gemüsebeete und Stauden mit ihrer vertrauten Anmut bezaubern. Über akkurate Rasenpfade geht es weiter in den verspielten »Flippergarten«, ein Labyrinth aus Eibenhecken, in dem man sich vergnügt verlieren kann. Kleine Steinbrücken, rauschende Wasserfälle und murmelnde Bäche begleiten den Weg, bis man schließlich im »Moosgarten« innehält: In dem japanisch anmutenden Gartenbereich bedecken über 200 Moosarten die mächtigen Steine – stille Zeugen des einstigen Steinbruchs. Am Ende des einer Initiationsreise gleichenden Pfades, unterbrochen durch Lesehütten und Ruhebänke, öffnet sich die hügelige Landschaft des »Bohème-Gartens«. Inmitten dieser naturnahen Wiese voll bunt verstreuter heimischer Gräser und Wildblumen ist die gestalterische Hand des Menschen nicht mehr zu erkennen – und doch hat sie der Natur diesen Ort zurückgegeben.

Im Lauf des Jahres wandelt der Garten sein Antlitz. Im April läutet ein leuchtendes Meer aus Narzissen den Frühlingsbeginn ein: Rund 400 Sorten entfalten ihre Blütenpracht, begleitet von zarten Anemonen, Krokussen, Traubenhyazinthen und anderen frühen Zwiebelgewächsen. Einen blauen Reigen tanzt im Mai der Tibet-Scheinmohn zusammen mit Glockenblumen und Rittersporn. Im Juni entfalten die Etagen-Primeln ihre farbenfrohe Pracht, während Gräser, Mannstreu und Kratzdisteln im August ein Fest der Formen und Farben feiern.

Generationenübergreifend, im Einklang mit den Jahreszeiten und betont modern entführt uns der Rundgang durch die hügelige Landschaft in liebevoll gepflegte Gartenwelten, die ihre Gestalter stetig erweitern. Wie Monique Dronet es so treffend formuliert: »Man muss nicht immer nach besonderen Blüten suchen. Es genügt, zu schauen, zu riechen und zu lauschen. Die Natur ist da – zu jeder Jahreszeit, prächtig und voller Wunder.« •

Die Kraft der Natur

Seit Kurzem können Gäste im Chalet »Plantes et Plumes« im Herzen von Berchigranges nächtigen. Von der Terrasse genießt man einen herrlichen Blick auf den »Bohème-Garten«. Zudem haben die Gäste freien Zugang zum Garten. Wer die wohltuende Wirkung der Natur noch mehr für sich nutzen möchte, kann dies mit einer Birkensaftkur tun.
Der reine, frische Saft der Birken ist direkt vor Ort oder auf der »Ferme des Bouleaux blancs«, einem benachbarten Bauernhof, erhältlich. Regelmäßig genossen, wirkt er sanft entgiftend, unterstützt die Hautreinigung, fördert die Beweglichkeit der Gelenke – und soll sogar Cellulite mildern. Die Kraft der Natur wirkt, davon sind wir überzeugt.

Besucherinformationen

Jardin de Berchigranges
88640 Granges-sur-Vologne
Tel. +33 3 29 51 47 19

Öffnungszeiten

- Täglich geöffnet, außer Montag und Dienstag an Feiertagen geöffnet
- April, Mai, September: 14 bis 18 Uhr
- Juni, Juli, August: 10 bis 18 Uhr
- Weitere Informationen unter: www.berchigranges.com

Hauts-de-France

Gärten von Mont des Récollets, Nord • Cassel
Die Gärten von Séricourt, Pas-de-Calais • Séricourt
Kloster Valloires, Somme • Argoules

GÄRTEN
von Mont des
RÉCOLLETS

✲ Cassel
Nord

An ein flämisches Renaissancegemälde erinnert diese Anlage. Umgeben von einer unberührten Landschaft, ergänzen sich hier von kunstvollen Formschnittgehölzen durchzogene Gartenräume mit dem zeitgenössischen Bestreben, eine grüne Wohlfühloase zu schaffen.

Ein Sprichwort besagt »Im Norden weint man zweimal, wenn man ankommt und wenn man wieder abreist.« Ein weiterer Beleg für den Unsinn von Vorurteilen. Denn die Menschen im Pas-de-Calais, denen man oft eine gewisse Distanz und Verschlossenheit nachsagt, sind in Wirklichkeit herzlich und gastfreundlich. Im Binnenland der Region Französisch-Flandern liegt das liebliche Houtland, ein »Schlaraffenland des Nordens«, geprägt von sanften Hügeln.

Zwischen bemalten Fensterläden, Hopfenfeldern und rustikalen Kneipen wirken begabte Landschaftsarchitekten, die sich ihrer kulturellen Wurzeln bewusst sind und diese bewahren. Einer von ihnen ist Emmanuel de Quillacq, der sich in den 1980er-Jahren am Hang des Mont des Récollets niederließ. Als Erbe eines in Familienbesitz befindlichen Bauernhofs aus dem 17. Jahrhundert und Absolvent der *École nationale supérieure de paysage* (Hochschule für Landschaftsarchitektur) verwirklichte er sich hier einen Traum.

Das schlichte, L-förmige Gebäude mit Ziegeldach liegt etwa auf halber Strecke zwischen Lille und Dunkerque (Dünkirchen) – typisch flämisch, aber damals noch nicht besonders ansehnlich. Der Garten bestand aus einem Walnussbaum, einigen Weiden und einer großen Menge an Schutt. Dem jungen Studenten fehlte es an Mitteln, aber nicht an einer Vision. Mit viel Geduld und Hingabe nutzte er sein gartenbauliches Wissen und befasste sich intensiv mit dem flämischen Kulturerbe. So schuf er Schritt für Schritt ein tief in den regionalen Traditionen verwurzeltes Gartenparadies.

»Im Norden weint man zweimal«, sagt ein Sprichwort, »wenn man ankommt und wenn man wieder abreist.«

Der flämische Gartenstil, dessen Wurzeln bis ins Mittelalter zurückreichen, entfaltete seine volle Blüte während der Renaissance und wurde von Malern wie Rubens, van Eyck und Brueghel auf Leinwand verewigt. Bis heute hat sich der flämische Garten seine charakteristischen Züge bewahrt: von überschaubarer Größe und geprägt durch eine symmetrische Anlage mit Hecken und Formschnittgehölzen. Ziegel und Blaustein, Palisaden und sanfte Höhenunterschiede sowie – wie in vielen Gärten – Wasser als unverzichtbares Element strukturieren und beleben das Gelände.

Ein besonders reizvolles Merkmal, das ursprünglich aus der bäuerlichen Architektur stammt und am Mont des Récollets großzügig immer wiederkehrt, ist die abgestufte Gestaltung. Bestimmt sie am Gebäude noch mit feiner Raffinesse den Garten, löst sie sich allmählich von formalen Zwängen und öffnet sich an der unsichtbaren Schwelle zur Bocage-Landschaft der freien Natur mit ihren Stauden und Gräsern.

Der eineinhalb Hektar große Garten gliedert sich in 22 kleine Themenräume, die als natürliche Erweiterungen des Hauses anlegt sind: Hecken bilden die Wände und Korridore dieser in Hell-Dunkel-Kontrasten gestalteten Gartenbereiche.

Der erste davon, der »Hofseitige Garten«, präsentiert sich mit makellos in Form geschnittenen Eiben, die sich wie grüne Plateaus vor dem Backsteinbau des Bauernhofs aufreihen und elegant auf die Stufengiebel der Fassade verweisen. In der abschließenden Reihe dieser Pflanzung formen beschnittene Eiben und weiße Hortensien einen weitläufigen Rasenweg, der zu den weiteren Gartenräumen führt.

Schlicht und gleichzeitig verspielt schließt sich der »Garten der Berlingots« an. Seinen Namen verdankt dieser Gartenraum den in Form geschnittenen Buchsbäumen, die wie Berlingots (tetraederförmige Bonbons) wirken. Belgische Freunde des Landschaftsarchitekten tauften ihn etwas poetischer »Garten der Diamanten von Antwerpen«. Die schachbrettartig angeordneten Buchsbäume greifen darüber hinaus die durch Hecken gegliederten Felder der flämischen Landschaft auf.
Ein weiteres Schachbrettmuster findet sich im »Nordgarten«: Niedrige Buchsbaumeinfassungen umranden hier fast quadratische Beete mit hell- und tiefgrün belaubten Pflanzen wie Schwarzem Schlangenbart und Fiederpolster. Direkt angrenzend hebt sich der »Frühlingsgarten« mit seinen leuchtenden Beeten aus blauen und violetten Hortensien durch farbliche Akzente und strenge Konturen ab.

Das Vermächtnis der flämischen Meister ist innerhalb wie außerhalb des Gartens allgegenwärtig: Emmanuel de Quillacq hat die Umgebung harmonisch in die Gartengestaltung mit einbezogen. Anders als manche seiner Kollegen, die Bäume zugunsten freier Sichtachsen fällen, beschneidet er die Baumkronen nur behutsam. So entstehen natürliche Rahmen, die den Blick auf die umliegende Bocage-Landschaft, die farbenfrohen Bauernhöfe und den in der Ferne verblassenden Horizont lenken. Unerwartete Perspektiven eröffnen runde Durchblicke in den Hecken, die zum Reiz des Gartens beitragen. Am Ende bleibt die Frage: »Was prägt das Bild mehr – die Landschaft oder der Garten?« Die Antwort muss jeder für sich selbst finden.

Drei große Schachbrettmuster strukturieren den von Weiden und Eichen gerahmten Garten – darunter der »Blaue Garten«, eine Hommage an die Renaissance. Im Frühling und Sommer erstrecken sich je nach Jahreszeit Rosen und Zwiebelpflanzen wie Krokusse, Tulpen, Traubenhyazinthen und Gladiolen bis hin zu einer Rabatte, in der überwiegend blaue Stauden blühen.
In diesem ornamentalen Gartenbereich finden sich auch ein großzügiger Obstgarten, ein Gemüsegarten und ein Rosengarten – allesamt gestaltet im Geiste der Malerei des 16. und 17. Jahrhunderts. Rosen leuchten hier wie Paradiesblumen und Äpfel hängen verführerisch an den Zweigen. Ihrer Verlockung sollte man jedoch widerstehen: Die Früchte sind kaum genießbar.

Seit ihrer Gründung und Öffnung für Besucher haben die Gärten von Mont des Récollets eine beeindruckende Reihe von Auszeichnungen erhalten. So schmücken sie sich seit 2003 mit dem Titel *Jardin Remarquable* und 2013 wurden sie zum »Lieblingsgarten der Franzosen« gewählt. •

Flämische Gastlichkeit

♥ *Ein Flügel des alten Bauernhofs beherbergt heute eine flämische Kneipe wie aus dem Bilderbuch – mit runden Holztischen, getäfelten Wänden, alten Gemälden und Kerzenleuchtern sowie einem herrlichen Blick auf den Garten. Ab dem Frühling lockt die sonnige Terrasse inmitten von Formschnittgehölzen und üppiger Blütenpracht. Von Zeit zu Zeit vervollständigt außerdem ein kleiner Trödelmarkt das Besuchserlebnis. Wie ein flämisches Gemälde gibt auch er seine Schätze nur nach und nach preis und mit einem geschärften Blick lässt sich hier das eine oder andere Meisterwerk entdecken.*

Besucherinformationen

Jardin du Mont des Récollets
1935, route de Steenvoorde
59670 Cassel
Tel. +33 6 07 84 77 50
jardindumontdesrecollets@gmail.com

Öffnungszeiten

➛ Geöffnet von Ende März bis Ende September
Donnerstag bis Sonntag: 10 bis 18 Uhr
Freie oder geführte Besichtigung

DIE GÄRTEN von SÉRICOURT

Séricourt
Pas-de-Calais

Zwei Generationen von Landschaftsarchitekten schufen mit Séricourt einen Garten, in dem die Formschnittgehölze nicht nur Fantasiereichtum, sondern auch Gedanken und Emotionen ausdrücken und Rosen sich zu einer Kathedrale erheben.

Im Lauf der Geschichte geraten die Opfer sinnloser Kriege oft in Vergessenheit. Doch gibt es zahlreiche Akte der Menschlichkeit, mit denen wir ihrer gedenken. Ihnen einen Garten zu widmen, ist dabei die vielleicht feinfühligste Art.

Im Garten von Séricourt haben Vater und Sohn Gosse de Gorre Neues erschaffen, ohne dabei das Vorhandene zu zerstören. Was hier aus der Tiefe ihrer Seele entsprang, ist ein einfühlsames Werk, das sich stets wandelt und weiterentwickelt. Poetisch, bewegend und heilsam, ist der Garten Ausdruck ihrer innersten Gefühle.

Yves Gosse de Gorre erwarb Anfang der 1980er-Jahre das 4,5 Hektar große Gelände zwischen Le Touquet und Arras. Als passionierter Staudenliebhaber und -züchter legte er zunächst einige »Ausstellungsbereiche« vor seinem Haus an. Schon immer wollte er jedoch eine in sich geschlossene Gartenlandschaft gestalten. Das Vorhaben zu beginnen, war der schwierigste Schritt. Doch als der Grundstein erst einmal gelegt war, entstanden nach und nach weitere Gartenbereiche. Heute, 30 Jahre später, umfasst Séricourt rund 30 dieser Gartenräume. Inzwischen hat sich Yves' Sohn Guillaume dem Projekt angeschlossen und führt das gärtnerische Erbe seines Vaters fort.

Doch Séricourt ist mehr als nur ein Garten – es ist ein Ort des Gedenkens. Auf dem Gelände und dem angrenzenden Plateau haben die Verwüstungen kriegerischer Auseinandersetzungen – vom Hundertjährigen Krieg bis hin zum Ersten Weltkrieg – ihre Spuren hinterlassen. Bunker und Bombentrichter sind bis heute sichtbar.
Vater und Sohn war es wichtig, die Tragödien der Vergangenheit zu thematisieren und ihnen ein gärtnerisches Andenken zu widmen.

Und so gestalteten sie einen »Kriegsgarten« sowie mehrere »Friedensgärten«. Im ersten symbolisieren zu Spindeln geschnittene Säuleneiben, getrennt durch einen breiten Rasenweg, zwei Armeen, die einander kampfbereit gegenüberstehen. Die Anzahl der »Soldaten« ist überwältigend, ihre Gegenüberstellung beklemmend. Ein Stück weiter prägen riesige Kriegsmasken aus Buchsbaum – mit grimmigen Mienen und buschigen Augenbrauen – das Gelände.
Kurz darauf öffnet sich der Blick auf ein »verwüstetes Schlachtfeld«: Eine Fülle von Mohnblumen bedeckt eine Wildblumenwiese. Sie erinnern an die Ackerblumen, die nach dem Ersten Weltkrieg in großer Zahl aus dem von Bomben aufgewühlten Boden sprossen. Für die Engländer symbolisierten die scharlachroten Blüten das vergossene Blut ihrer gefallenen Landsleute.

Doch schon naht der Frieden: In der Ferne erhebt sich ein großes Buchsbaumkreuz, und ein in sanften Farben gestalteter Pfad ebnet den Weg zur Versöhnung – gesäumt von Kriech-Weiden mit bläulich schimmerndem Laub und flauschigen Blüten, violetten Silber-Perowskien und Rosensorten wie 'Rush' und 'Ballerina'.

Wie ein pastellfarbenes Frühlingsgemälde führt der Rundweg zum prächtigen Eingang der symbolträchtigen »Rosenkathedrale«: Filigrane Metallbögen, bepflanzt mit blassrosa Kletterrosen, Glyzinien und Rostroten Weinreben, formen ein 70 Meter langes Gewölbe und bilden den Grundriss einer Kirche nach. *Clematis* ranken an verflochtenen Ästen, während die seitlichen »Kapellen« durch eine Fülle an historischen Rosensorten erblühen. Unter dem berauschenden Blütenhimmel aus 'Seagull'-, 'American-Pillar'- und Hybridrosen schreitet man wie im Traum über den samtweichen Rasen. Ein umlaufender Pfad lädt dazu ein, die Opulenz dieser himmlischen – oder vielmehr irdischen – Symbole der Liebe in voller Pracht zu bewundern.
Yves Gosse de Gorre schuf das Gartenkunstwerk im Jahr 2000, um die großen Kathedralenbaumeister des Jahres 1000 zu würdigen. Zugleich ist es eine augenzwinkernde Anspielung auf ihn selbst, den Erbauer einer »Kathedrale« aus lebendigem Grün.

Der Frieden hat auch in den »Topiari-Garten« Einzug gehalten: Die einst von Krankheiten und Schädlingen befallenen Buchsbäume mussten weichen und der Gartenraum wurde vollständig neu gestaltet. Die Formschnittgehölze zeigen sich nun vielfältiger denn je: Azaleen und Heidekraut bereichern inzwischen die klassisch und fantasievoll beschnittenen Buchsbäume und Hainbuchen.

Neben dem Wechselspiel von Krieg und Frieden, Unvernunft und Weisheit sowie französischer Strenge und englischer Verspieltheit ist der Garten von Séricourt auch ein Laboratorium botanischer Ideen. Ein Beispiel hierfür ist der »Keiji-Rosengarten«. Entworfen von Guillaume Gosse de Gorre, schmückt diesen Gartenbereich eine in Frankreich einzigartige Sammlung von modernen Hybridrosenzüchtungen. Sie entstammen einer Zusammenarbeit mit der Rose Farm Keiji, einem Rosenzuchtbetrieb aus der Region Kyoto in Japan.
Ein weiterer Gartenraum, der »gelbe Garten«, erstrahlt durch seine goldgelben Rosen, Rudbeckien und leuchtenden Forsythienhecken. Und schließlich erinnert das »Gräserlabyrinth« an die Schönheit von Wildblumenwiesen. Hier wogen Chinaschilf und Lampenputzergras in ungeordneter Leichtigkeit wie Wellen im Wind, während Sonnenhüte leuchtende Akzente setzen.

Die unterschiedlichen Gartenräume bieten oft einzigartige Gartenbaukunst. Ein Teich und ein Wasserpflanzengarten mit Seerosen, Schachtelhalmen und Sumpf-Schwertlilien sorgen für Artenvielfalt, während der »Graue Garten« zugleich Anfang und Ende symbolisiert. Sträucher und Beete dieses umschlossenen Gartenbereichs sind von Kieswegen begrenzt. Und – zunächst fast unmerklich, als ein leises Rinnsal zwischen den Beeten – belebt das Element Wasser am Ende des Gartens mehrere Springbrunnen. Eine Statue, geschaffen von Robert Arnoux, erhebt ihre Hände zum Wasserstrahl. Inmitten einer düsteren Welt symbolisiert sie die Hoffnung, die der Mensch verkörpert, wenn er zu seinem eigentlichen Wesen zurückfindet. •

Fragen erwünscht

Im Rahmen der »Rendez-vous aux jardins«, einer landesweiten Gartenveranstaltung jährlich am ersten Juniwochenende, können Besucher einen Blick hinter die Kulissen dieses bemerkenswerten und symbolträchtigen Gartens werfen. Ein ganzes Wochenende lang führen die Gärtner von Séricourt die Besucher zu festgelegten Zeiten durch die Anlage. Fragen sind dabei ausdrücklich erwünscht, eine Voranmeldung ist nicht erforderlich.

Besucherinformationen

Jardins de Séricourt
2, rue du Bois
62270 Séricourt
Tel. + 33 3 21 03 64 42
lgdeg@jardindesericourt

Öffnungszeiten

➛ Geöffnet Anfang Mai bis Ende Oktober

➛ Mai bis August:
Dienstag bis Samstag 10 bis 19 Uhr
Sonntag und Feiertage 15 bis 19 Uhr
Montag geschlossen

➛ September und Oktober
Donnerstag bis Samstag 10 bis 19 Uhr
Sonntag und Feiertage 15 bis 19 Uhr

➛ Weitere Informationen unter:
www.jardindesericourt.com

KLOSTER VALLOIRES

Argoules
Somme

Die von Gilles Clément gestalteten Gärten von Kloster Valloires entführen den Besucher auf einen facettenreichen Spaziergang. Der eindrucksvolle »Garten der Inseln«, ein weitläufiger Rosengarten und eine gärtnerische Hommage an Jean-Baptiste de Lamarck laden zum Staunen und Entdecken ein.

Hört man Gilles Clément zu, spürt man schnell, dass man als Landschaftsarchitekt eine gewisse Demut gelehrt wird, denn ein Garten folgt seinen eigenen Gesetzen. Zwar führt der Landschaftsgestalter die Regie, die Natur beherrschen kann er jedoch nicht. Sie bleibt souverän, übernimmt das Kommando und beeinflusst die künstlerische Freiheit.

So ist ein Garten je nach Blickwinkel sowohl eine Bühne als auch ein ungebändigtes Reich: Samen treiben an unerwarteten Orten aus, rote Rosen überwuchern die benachbarten Pflanzen im Beet oder der Wind türmt die herbstlichen Blätter der Sträucher zu überall verteilten, bunten Laubhaufen auf.
Während Stunden, Jahreszeiten und Jahre vergehen, wandelt sich der Garten und entfernt sich mehr und mehr von der ursprünglichen Skizze. Um präzise zu sein, gleicht er ihr nie ganz. Und genau diese Lebendigkeit liebt Gilles Clément, der unermüdliche Betrachter seiner wilden, sich stets wandelnden Landschaften, an seinen Gärten.

Als ein bekannter Gartengestalter und einflussreicher Vordenker des modernen Gartenbaus hat Gilles Clément wegweisende Denkmodelle entwickelt. Seine Konzepte des »Gartens in Bewegung« und des »Planetarischen Gartens« widmen sich in erster Linie der Freiheit und der Harmonie des Lebendigen – ein faszinierendes

Paradoxon der Gartengestaltung, bedenkt man, dass sein Wirken darin besteht, die Natur zu ordnen und zu gestalten.
Seine Schöpfungen reichen von üppigen Konzepten wie im Garten von Le Rayol im Département Var bis hin zu urbanen Gärten wie dem Parc André-Citroën in Paris. Sein erstes Werk sind jedoch die Gärten von Valloires, entstanden im Jahr 1987.

Nur wenige Kilometer von der Bucht der Somme entfernt, im Tal des Authie, erstreckten sich damals am Fuße der ehemaligen Zisterzienserabtei Felder und Wiesen.
Als Gilles Clément das Gelände begutachtete, erkannte er, dass der Vorplatz etwas knapp bemessen und das Terrain sehr lang gestreckt und abschüssig war. Daher wollte er eine neue Perspektive schaffen, die sich weit öffnete und zum Horizont abfiel. Die »architektonische Stille« des Gartens sollte die strenge, symmetrische Klosterfassade aus dem 18. Jahrhundert widerspiegeln.

Die Gärten, die er für das lang gezogene Gelände entwarf, erstreckten sich bis zu den sanften, von Bächen durchzogenen Hügeln. Wie ein Maler entwarf er fünf Gartenräume auf acht Hektar Fläche: von geometrisch bis extravagant, von französisch bis englisch und von klassisch bis modern.
Jean-Louis Cousin, ein aus dem Pas-de-Calais stammender Baumschulgärtner und Pflanzensammler, verlieh den Gärten ihre Farbenpracht. Rund 5000 Pflanzenarten fanden hier ein Zuhause – viele davon aus Asien und Amerika, die Cousin behutsam an die Boden- und Klimaverhältnisse der Picardie gewöhnte.

Das Herzstück der einstigen Zisterzienserabtei, in der zu ihrer Blütezeit rund 400 Mönche lebten, bildet der Kreuzgang. Umgeben von vier Galerien, umschließt er heute einen kleinen formalen Garten. Wer hier verweilt oder entlangspaziert, meint bisweilen das leise Echo jahrhundertealter Gebete zu vernehmen. Es ist ein Ort, der zum Nachdenken über die Zeit und über Gott einlädt.

Sein Gegenstück am entgegengesetzten Ende des Gartens ist ein aus Pflanzen gestalteter Kreuzgang: Zu Säulen geformte Eiben und Hainbuchen säumen hier mit Lavendel und historischen Rosensorten bepflanzte Beete.
Als lebendiger Zeuge der Geschichte und des einstigen Klosterlebens schmückt ein 250-jähriger Birnbaum – einer der ältesten in ganz Frankreich – die Klosterfassade und umrahmt mit seinen Ästen die Fenster. Aus seinen Früchten stellten die Zisterzienser einst Likör her, den sie bis ins Königreich England exportierten.

Vor der ehrwürdigen Abtei, dort, wo einst der Gemüsegarten des Klosters lag, bildet heute der 2500 Quadratmeter große Rosengarten das blühende Herz der Anlage. 80 Sorten mit klangvollen Namen gedeihen hier (denn Blumenzüchter sind oft wahre Poeten). Die Königin unter ihnen ist die ebenso anmutige wie launische Rose

'Jardins de Valloires'. Um sie herum versammeln sich die stolze 'Rose de Picardie', die feurig rote 'Sevillana', die makellose 'Neige d'été' und die zartrosa 'Bonica'.

Nachdem sie im 18. Jahrhundert eingestürzt war, wurde die Abteikirche wiedererrichtet, wobei die römisch-katholische Kirche in Frankreich, die viele Gläubige verloren hatte, ihren ganzen Prunk aufbot. Auf die Askese des Mittelalters folgte die Opulenz von Barock und Rokoko. Um die Gemeindemitglieder zu beeindrucken und sie auf den Pfad des Glaubens zurückzuführen, entstanden prächtige Holzvertäfelungen, Gemälde, Skulpturen, Vergoldungen und andere kunstvolle Details. Wie viele der Gläubigen sich von dieser Prachtentfaltung bekehren ließen, bleibt mangels historischer Meinungsforschung ungewiss. Fest steht jedoch, dass die Kirche bis heute ein wahres Schmuckstück ist. Besonders ihre Orgel überwältigt, noch bevor der erste Ton erklingt. Oberbau, Gehäuse und Balustraden wirken wie aus einem Stück Holz geschnitzt und die großartige Akustik begeistert Organisten aus ganz Frankreich.

Es lohnt also, einige Momente in den himmlischen Klängen sakraler Musik zu schwelgen, bevor man sich aufmacht, den »Lamarck-Garten« zu erkunden. Diesmal führt der Weg fernab der geradlinigen Alleen bergauf: Über Holzstufen, die die Stadien der Evolution symbolisieren, gelangt der Besucher in denjenigen Gartenbereich, der der Entwicklung der Pflanzenarten gewidmet ist. Uralte Gewächse wie Farne, Ginkgos und Schachtelhalme, die das menschliche Leben seit Jahrmillionen begleiten, dulden mit stoischer Gelassenheit die lebhafte Gesellschaft junger Gräser, die die Gärtner oft immer noch belächeln.
Ein letzter Abstecher führt in den »Garten der Inseln«, der mit seiner kreativen, lebendigen Gestaltung beeindruckt. Die Pflanzen sind hier nicht nach ihrer botanischen Zusammengehörigkeit, sondern nach ähnlichen Farben und Formen geordnet. In kleinen Inseln gruppiert, leuchten sie in Silber-, Gold- und Fliedertönen und bilden eine der »englischen Landschaften« dieses außergewöhnlichen Gartens. Doch der Wind entfaltet auch hier bisweilen seine ganz eigene Dynamik ... •

Die Magie der Farben

Farben spiegeln die Seele von Valloires wider. Und ebenso wie die Pflanzen im Garten setzen auch die Farbtupfer des Künstlers auf der Leinwand Akzente. Im Rahmen des Veranstaltungsprogramms von Valloires finden regelmäßig Workshops statt, darunter – auf den Rasenflächen der Gärten – auch Kurse rund um Malerei und kreative Gestaltung. Aber auch weitere Events – von Gartenfesten und Märkten über Themenführungen und Kräuterkochkurse bis hin zu Kinder- und Familienprogrammen – sind rund ums Jahr auf der Website von Kloster Valloires zu finden.

Besucherinformationen

Abbaye de Valloires
80120 Argoules
Tel. + 33 3 22 23 53 55

Öffnungszeiten

➛ Geöffnet von Mitte März bis Ende September:
Täglich von 10 bis 18.30 Uhr

➛ Anfang Oktober bis Anfang November:
von 10 bis 17.30 Uhr

Letzter Zutritt zu den Gärten:
eine Stunde vor Schließung

➛ Weitere Informationen unter:
www.jardinsdevalloires.fr

Normandie

Botanischer Garten in Vauville, Manche • Vauville
Jardin Plume – der Federgarten, Seine-Maritime • Auzouville-sur-Ry
Die Gärten von Schloss Brécy, Calvados • Creully-sur-Seulles
Die Gärten von Montperthuis, Orne • Chemilli
Dschungel-Garten Karlostachys, Seine-Maritime • Eu
Bois des Moutiers, Seine-Maritime • Varengeville-sur-Mer

Botanischer GARTEN in VAUVILLE

✵ Vauville
Manche

Drei Generationen von Gärtnern und Pflanzensammlern gestalteten diesen herrlichen Garten mit Meerblick. Nicht ohne Grund trägt das grüne Juwel den Beinamen »Garten des Reisenden«: Die Vielfalt der Pflanzen aus fernen Ländern lädt zu einer botanischen Entdeckungsreise ein.

Obwohl die menschliche Lebenserwartung in den letzten zwei Jahrhunderten sprunghaft angestiegen ist, erreichen nur wenige ein Alter von 100 Jahren. Und wenn doch, ist dies so selten, dass es bei den Mitmenschen ein Gefühl von Bewunderung, Staunen, Neid und sogar etwas Ehrfurcht auslöst. Bei Gärten verhält es sich genau umgekehrt: Bis sie sich einen bleibenden Ruf verdient haben, dauert es oft mindestens ein Jahrhundert.

Im Vergleich zu diesen altehrwürdigen Gärten ist der Garten von Vauville geradezu im Kindesalter – umweht von tropischen Düften, ist er aus den Trümmern und Träumen der Nachkriegszeit geboren.
Sein Schöpfer, Éric Pellerin, fuhr in jungen Jahren als Matrose zur See und arbeitete später als Ingenieur in der Parfümindustrie. In den 1930er-Jahren lernte der passionierte Weltenbummler, der die südliche Hemisphäre bewunderte, die Landzunge von La Hague im äußersten Nordwesten des Cotentin kennen. Die wildromantische Landschaft aus Heide und Ginster, überragt von einer Burg, von Wind umtost und in Meeresnebel gehüllt, zog ihn sofort in ihren Bann. Verzaubert von der rauen Schönheit der Küste, wurde aus dem Reisenden ein Gärtner, ohne dabei seinen Abenteuergeist zu verlieren. Vom Reiz dieser Gegensätze inspiriert, erschuf Pellerin einen Ort wie aus einer anderen Welt, der später den Beinamen »Garten des Reisenden« erhielt.

Seine unermüdliche Arbeit bei der Neuanlage des Gartens wurde nur von seiner Kühnheit und Leidenschaft übertroffen. Man stelle sich die Umgebung des Schlosses von Vauville in früheren Zeiten vor: ein ehemaliges Lehnsgut, umgeben von acht Hektar Grasland, das sich bis zum Meer erstreckte und auf dem Kühe und Pferde weideten.

»Der botanische Garten von Vauville ist eine Reise am Ende einer Reise.«

1947 beschlossen Éric Pellerin und seine Frau Nicole, das vom Krieg beschädigte Herrenhaus wiederaufzubauen und die triste Weide in ein botanisches Paradies zu verwandeln, das den immergrünen Pflanzen der südlichen Hemisphäre gewidmet war. Sie durchbrachen die Schlossmauer und pflanzten im Schutz des einstigen Burggrabens ihre ersten tasmanischen Königsfarne und Monterey-Zypressen.

Begünstigt durch den warmen Nordatlantikstrom, fanden Pflanzen und Bäume aus fernen Ländern auf der windgepeitschten Halbinsel ein Mikroklima vor, das ihrem ursprünglichen Lebensraum bemerkenswert ähnelt. Im Lauf der Jahre entstand so eine in der Normandie einzigartige botanische Sammlung, die die Familie Pellerin über Generationen hinweg gestaltete, pflegte und stetig erweiterte.
Ein gewagtes Unterfangen, denn trotz der milden Meeresströmung ist der fünf Hektar große Garten dem salzhaltigen, stürmischen Westwind ausgesetzt. Zum einen wird er durch die alte Schlossmauer vor den Elementen geschützt, zum anderen wurden dichte Hecken aus robusten immergrünen Gehölzen angelegt.

Die Anlage gliedert sich in mehrere miteinander verbundene Gartenräume und beherbergt über 900 Pflanzenarten aus südlichen Breitengraden. Im Lauf der Jahre gesellten sich Gewächse aus der nördlichen Hemisphäre wie Agaven und Palmen hinzu, die dem Garten einen mediterranen Charakter verleihen. Auf 200 Meter Höhe über dem Ärmelkanal flaniert man durch ein exotisches Paradies: vorbei an Chilenischem Feuerstrauch, Bambus, australischen Grevilleen mit fuchsiafarbenen Blüten, Magnolien sowie Jasmin, dessen weiße Blüten sich um Palmen winden.

Das tropisch anmutende Paradies, geschmückt mit indisch und asiatisch inspirierten Steinelementen, durchfließt ein ehemaliger Feldbach, der einst durch die Wiesen mäanderte und heute die Teiche und Wasserbecken speist. In ihnen gedeihen Wasserpflanzen im Schatten majestätischer Königsfarne und umgeben von Strauchpfingstrosen, deren imposante rosa Blüten aus dem satten Grün hervorleuchten.

Éric Pellerin – Enkel des Gründers und Hüter seines Erbes – beschreibt den Garten als eine »Reise am Ende einer Reise«. Von Cherbourg aus durchquert man auf 23 Kilometern die raue, unberührte Cotentin-Halbinsel, bevor man sich plötzlich in einer anderen Hemisphäre wähnt. Auf einem Spaziergang durch eine ferne Welt, erfüllt von berauschenden Farben und verführerischen Düften. •

Nächtigen und Dinieren

Von der ursprünglichen Burg, aus der das Schloss von Vauville hervorging, sind heute nur noch der Bergfried, die Ringmauer und der Wassergraben erhalten. Zwei Wohnflügel, die im 17. und 19. Jahrhundert im ursprünglichen Stil wiederaufgebaut und erweitert wurden, schließen sich rechtwinklig an den Hauptturm an. Das stattliche Bauwerk ist typisch für die Schlösserarchitektur des Nord-Cotentin. Seine Fassade und die charakteristischen Schieferdächer stehen seit 1972 unter Denkmalschutz. Im Lauf der Jahrhunderte beherbergte das Anwesen illustre Persönlichkeiten, darunter den seliggesprochenen Thomas Hélye (Hofkaplan Ludwigs IX.) und General Jean Le Marois, einen Adjutanten Napoleons und einstigen Schlosseigentümer, der die Decke des Speisesaals mit Napoleonischen Bienen verzieren ließ. Seit rund 30 Jahren wird das Schloss von der Familie Pellerin bewohnt und ist nicht öffentlich zugänglich. Für Gäste stehen jedoch drei stilvoll eingerichtete Zimmer in einem separaten Flügel zur Verfügung. Gruppen können zudem nach Voranmeldung im Speisesaal oder im Ausstellungsraum des Schlosses speisen.

Bauernhof von Vauville

In der kreativen Tradition von Éric Pellerin hat sein nach ihm benannter Enkel zusammen mit Guillaume de Lestrange einen Bauernhof errichtet. Er ist der Bewahrung alter anglonormannischer Nutztierrassen gewidmet, von denen einige vom Aussterben bedroht sind. Für Schulklassen werden geführte Rundgänge durch Garten und Bauernhof angeboten, ergänzt durch Workshops. Familien können auf einem liebevoll gestalteten Lehrpfad heimische Tierrassen wie Hototkaninchen, Crève-Cœur-Hühner, Rouen-Enten, Bayeux-Schweine und Normanne-Rinder kennenlernen. So wurde aus einem Garten der tropischen Pflanzen ein Ort, an dem auch die Vielfalt des Tierreichs ihren Platz findet.

Besucherinformationen

Jardin Botanique de Vauville
1, route du Thôt
50440 Vauville, La Hague
Tel. +33 2 33 10 00 00
info@jardin-vauville.fr

Öffnungszeiten

- Ende März bis Ende September: Montag 12 bis 19 Uhr (Juli und August bis 20 Uhr), Dienstag bis Sonntag 14 bis 19 Uhr (Juli und August bis 20 Uhr)

- Oktober: Mittwoch bis Sonntag 14 bis 18 Uhr und während der Herbstferien nachmittags bei schönem Wetter

- Nach Vereinbarung ganztägig geöffnet für Gruppen ab 15 Personen, Verpflegung vor Ort möglich

- Weitere Informationen unter: www.jardin-vauville.fr

Jardin PLUME – der FEDERGARTEN

Auzouville-sur-Ry
Seine-Maritime

Vor einigen Jahren von britischen Gartenexperten zum »schönsten zeitgenössischen Garten Frankreichs« gekürt, begeistert der Jardin Plume mit inspirierenden Ideen – etwa der üppigen Pflanzung ausdrucksstarker Gräser. Formale Hecken umgrenzen hier eine eindrucksvolle Sammlung großwüchsiger nordamerikanischer Stauden, die im Herbst ihre volle Pracht entfalten.

Im Jahr 1997 gegründet, ist der Jardin Plume ein echter Vertreter der Generation »Z«. Schon sein treffender Name (»Federgarten«), den er seinen federleichten Gräsern verdankt, sowie seine raffinierte Struktur verraten eine sensible, kenntnisreiche Jugend. Seine Schönheit und seinen Erfolg verdankt der Garten seiner bewussten Komposition, die ihm den Anschein natürlicher Ursprünglichkeit verleiht.

Damit Mensch und Natur endgültig zu einer Einheit verschmelzen, braucht es noch etwas Zeit und Geduld. Doch bis dahin dürfen wir unsere Sorgen – wenn auch nur für einen kurzen Moment – hinter uns lassen und dem Weg der gärtnerischen Visionäre folgen, die uns stets ein paar Schritte voraus sind.

Im Jardin Plume sucht der Besucher vergebens nach klassischen Parterres, Rosen- oder Hortensienrabatten. Stattdessen vermischen sich robuste Gräser und filigrane Pflanzen zu farbenfrohen Wellen, die anmutig im Wind tanzen. Diese zarte, »wilde« Natürlichkeit, deren Farben sich im Wechsel der Jahreszeiten wandeln, ist jedoch nicht durch Zufall entstanden. Sie ist das Ergebnis von über 20 Jahren beharrlicher Arbeit und einer planvollen Gestaltung.

Den Anfang bildete eine einfache Obstwiese, die zur Erntezeit schwer an roten Tafeläpfeln zu tragen hatte. Man kann es menschlicher »Schwäche« zuschreiben, stets gleich in jeden Apfel zu beißen, doch diese »verbotene Frucht« ist tatsächlich am schmackhaftesten, wenn man sie frisch verzehrt. Etwas anderes hatten »Adam und Eva« – in diesem Fall die Landschaftsarchitekten Patrick und Sylvie Quibel – auch nicht im Sinn, als sie 1997 damit begannen, den Garten zu gestalten.

27 Kilometer von Rouen entfernt, im Departement Seine-Maritime, erstreckte sich vor ihnen eine vollkommen ebene, drei Hektar große Graslandschaft, die sich nach Süden hin öffnete. Umgeben von landwirtschaftlichen Flächen, die bis zum nahen Wald reichten, schien diese sanfte Apfelwiese, die bislang noch keine Gartenschere gesehen hatte, geradezu auf ihre Verwandlung zu warten.

Die Quibels ließen sich von englischen, italienischen und holländischen Gärten und vom *New Perennial Movement* inspirieren – einer modernen Strömung der naturalistischen Gartengestaltung des niederländischen Landschaftsarchitekten Piet Oudolf. In ihrem Mittelpunkt steht die Rückkehr zur Ursprünglichkeit, bei der sorgsam komponierte Stauden und Gräser ein Gefühl von Spontaneität und Natürlichkeit vermitteln.

Patrick und Sylvie Quibel sind jedoch nicht nur Visionäre der Gegenwart, sondern auch Erben der barocken Gartenbaukunst des 17. Jahrhunderts. Ihre Beete, bepflanzt mit heimischen Stauden, zartem Straußgras, Ruchgras und Kandelaber-Ehrenpreis, entfalten sich ungestört zwischen schützenden Buchs- und Hainbuchenhecken.

Seit Jahren gestaltet ihr Chefgärtner Sébastien Damiens die Formschnittgehölze mit meisterlicher Hand. Ein eindrucksvolles Beispiel seiner Kunst ist die lange, wellenförmige Buchshecke, die er – als Spiegelbild der wogenden Bepflanzung – »nach Augenmaß« in Form geschnitten hat. Der Garten gliedert sich in fünf Bereiche, die mit fein abgestimmten Farben und Strukturen sowie saisonalen Stimmungen spielen.

So lindert im »Herbstgarten« die Schönheit des Jahresausklangs unsere nachsommerliche Melancholie: Silberkerzen mit zarten, weißen Blüten, purpurne Vernonien, violette Astern und viele weitere Herbstblüher wachsen üppig in den Beeten und streifen auf den schmalen Wegen die Beine. Während man durch die hochwüchsigen Gräser streift, fühlt man sich für einen Moment in die Kindheit zurückversetzt – und die herbstliche Stimmung verliert jegliche Schwere.
Die einzelnen Gartenräume gruppieren sich um die lang gestreckte Apfelwiese, die das Herzstück des Gartens bildet. Inmitten von Rasenwegen, Baumalleen und blühenden Beeten kann man sich hier nach Herzenslust dem Genuss hingeben.

Gesättigt, aber immer noch wissensdurstig, wandert man hinauf zum »Sommergarten«, der unterhalb des alten Bauernhauses auf einem künstlich angelegten Plateau liegt. Eingebettet in ein Buchsbaumlabyrinth, erstrahlen die Pflanzen hier in den warmen Farben des Hochsommers: Dahlien 'Eole' – feurig rot mit sonnengelbem Herzen –, einjährige Sommerblumen und Kapuzinerkresse explodieren zur Blütezeit im Juli in einem rauschenden Farbenmeer.
Etwas abseits gelegen, bringt der kleine »Federgarten« unsere aufgewühlten Sinne sanft zur Ruhe. Als Namensgeber der Anlage und erster Gartenraum, den die Quibels anlegten, gab er den Anstoß für alle weiteren Gärten. »Hohe Pflanzen, die sich im Wind wiegen, als würden sie im Sonnenlicht tanzen«, beschreiben seine Schöpfer diesen Gartenbereich. Durch Buchsbaumhecken vor Ost- und Westwind geschützt, entführen hier Wildkräuter, Wildblumen und Gräser den Besucher in luftige Träume.

Und schließlich: der »Blumengarten«: Eine subtile Anspielung auf den Garten Eden? Wer weiß! Umgeben von einem schlichten Lattenzaun, war er einst der Küchengarten des alten Bauernhofs. Zwar wurde er vergrößert, die ursprüngliche Struktur blieb jedoch erhalten: Die Reihen sind klar gegliedert, und die ein- und mehrjährigen Pflanzen bieten ein farbenfrohes Bild. Im Sinne der früheren Nutzung gedeihen hier Ziermöhren, Mohn, Fenchel und Schlangen-Lauch mit seinen glockenförmigen Blüten. Am Anblick dieser »Früchte« können wir uns laben, ohne die Strafe Gottes zu fürchten ... •

Gärtnerei und Blickfänge

♥ *Viele der herrlichen Pflanzen, die sich im Garten bestaunen lassen, können Besucher am Ende ihres Rundgangs in der Gärtnerei erwerben. Die Vielfalt und Geometrie des Gartens und die umliegende Landschaft lässt sich abschließend von einem erhöht liegenden Aussichtspunkt aus bewundern. Auch von der zu einem Sommerpavillon umgestalteten Remise genießt man einen atemberaubenden Blick auf die im Gegenlicht schimmernden Ähren und wogenden Blütenkaskaden. Im Obstgarten dienen überdies gemütliche Holzliegestühle der Erholung. Sie gruppieren sich um ein Wasserbecken, in dem man sich nach dem Streifzug durch das Gartenparadies unendlich im Blau und Grau des Himmels bzw. im eigenen Spiegelbild verlieren könnte. Doch dieser Versuchung nachzugeben, wäre nur allzu schade …*

Besucherinformationen

Jardin Plume
790, rue de la Plaine
76116 Auzouville-sur-Ry
Tel. +33 2 35 23 00 01
lejardinplume@gmail.com

Öffnungszeiten

Anfang Mai bis Mitte Oktober:
- Montag und Dienstag geschlossen
- Mittwoch: 10 bis 12 Uhr und 14 bis 18 Uhr
- Donnerstag und Freitag: 14 bis 18 Uhr
- Samstag: 10 bis 12 Uhr und 14 bis 18 Uhr
- Sonntag: 14 bis 18 Uhr

Geschlossen: Pfingstmontag und französischer Nationalfeiertag (14. Juli)

- Zusätzliche Einrichtung: Gärtnerei mit Pflanzenverkauf
- Aktivitäten: Jährliches Gartenfest »Plumes d'Été« Ende Juni mit Pflanzen- und Gartenausstellern, Gruppenführungen nach Voranmeldung
- Durchschnittliche Besuchsdauer: 90 Minuten

- Weitere Informationen unter: lejardinplume.com

DIE GÄRTEN von Schloss BRÉCY

☼ Creully-sur-Seulles
Calvados

Inspiriert von den italienischen Gärten der Renaissance, sind die Jardins de Brécy ein echtes Gartenjuwel. Architektur, Skulpturen und Pflanzen verschmelzen hier zu einem eleganten Gesamtkunstwerk. Von den Terrassen öffnet sich eine weite Aussicht, die den Blick gen Himmel lenkt.

Angesichts der überwältigenden Perspektive fühlt man sich an die Blickachsen von Versailles oder der Loire-Schlösser erinnert. Überraschenderweise liegt das Schloss unterhalb der Gärten, die sich ins Unendliche zu erstrecken scheinen. Aber wo befindet sich diese Schlossanlage? In Vaux-le-Vicomte? In Chambord? Ein erster Hinweis führt uns nach Norden: Einst bezeichnete man dieses Schloss als *demeure manable*. Der Ausdruck, der einst bürgerliche Wohnhäuser von Scheunen und Ställen unterschied, verortet es in der Normandie. Doch die Verwirrung ist nicht unbegründet: Schon 1903 beschrieb ein Journalist der Tageszeitung »L'Éclair« diesen Ort als ein »kleines Versailles, verloren in den Feldern«.

Bei dem Schloss, das auf so verblüffende Weise unsere Sinne verwirrt, handelt es sich um das Château de Brécy, das sich in ländlicher Umgebung zwischen Bayeux und Caen erhebt. Das verborgene Kleinod beherbergt einen der wenigen Renaissancegärten Frankreichs und zugleich den einzigen im Département Calvados, dessen ursprünglicher Grundriss bis heute erhalten ist.
Einst stand hier ein Benediktinerkloster, das jedoch während der Hugenottenkriege aufgegeben wurde und verfiel. Ein späterer Besitzer errichtete an dessen Stelle ein Herrenhaus mit Schieferdach. Im 17. Jahrhundert übernahm Jacques Le Bas, Gerichtspräsident von Caen, das Anwesen. Er erweiterte das Haus um Seitenflügel, Dachgauben und einen turmartigen Giebelaufsatz. Schließlich begann er mit der Anlage der Gärten. Unterstützt wurde er dabei von seinem Sohn Pierre-Jacques, der als Chorherr der Kathedrale von Bayeux oft nach Rom gereist und vom dortigen Gartenstil fasziniert war.

1903 beschrieb ein Journalist der Zeitung »L'Éclair« diesen Ort als ein »kleines Versailles, verloren in den Feldern«.

Dem Geistlichen verdankt Brécy seine vierstufige Terrassenanlage im Stil der italienischen Renaissance. Die Breite der Terrassen nimmt mit jeder Stufe zu und leitet den Blick, bis er an einem monumentalen schmiedeeisernen Tor endet, das sich zum dahinterliegenden Hügel und zum Himmel hin öffnet. Laut dem heutigen Eigentümer Didier Wirth war es Trauer, die diese Gartengestaltung bestimmte: Estelle, die Schwester des Geistlichen, starb in jungen Jahren und wurde in der Kirche neben dem Haus beigesetzt. Als Ort zu ihrem Gedenken symbolisiert die Anlage den Garten Eden, der durch das kunstvoll gearbeitete Tor in das himmlische Paradies übergeht. Seither, so sagt man, durchweht ihr Geist – zerrissen zwischen den beiden Paradiesen – die Jahrhunderte.

Im 20. Jahrhundert scheint jedoch die jung Verstorbene angesichts des verwahrlosten Zustands der Gärten der irdischen Welt überdrüssig geworden zu sein: Wie so viele historische Anwesen verfiel auch Brécy – bis ein engagiertes, ambitioniertes Paar auf der Bildfläche erschien: Didier Wirth, Vorsitzender des *Comité des parcs et jardins de France* (Komitee der Parks und Gärten Frankreichs), und seine Frau Barbara, eine ver-

sierte Gärtnerin, begannen in den 1990er-Jahren mit der Restaurierung des Anwesens. Die Zeit drängte: »die Mauern waren feucht und die Treppen bröckelten«. Vier Jahre dauerte es, das Mauerwerk zu sanieren und trockenzulegen. Danach folgte die behutsame Wiederherstellung der Bepflanzung, abgestimmt auf die Architektur des Schlosses.

In den 1950er-Jahren hatte bereits der Schriftsteller Jacques de Lacretelle, der das Anwesen 1955 erwarb, die kunstvoll verschlungenen Buchsbroderien auf der ersten Terrasse anlegen lassen, die den Gärten Heinrichs IV. nachempfunden waren.

Als Hommage an die klösterliche Vergangenheit Brécys führt ein »Kreuzgang« aus Hainbuchen zur dritten Terrasse, die von symmetrischen Wasserbecken gegliedert wird. Lange mangelte es dem von Mauern umschlossenen Garten an Wasserelementen bis die beiden Becken geschaffen wurden. Ihre Mitte schmücken jeweils von Barbara Wirth geschaffene Steinskulpturen – ein geflochtener Korb und ein Turm aus Artischocken. Diesen Gartenraum wiederum umgibt eine weitere Terrasse, durchzogen von lichtdurchfluteten Alleen.

Elf Steintreppen führen den Hügel hinauf, unterbrochen von Balustraden mit Akanthusornamenten und flankiert von herrschaftlichen Löwen, anmutigen Skulpturen

und Pilastern. Ihre räumliche Anordnung planten Vater und Sohn Le Bas mit mathematischer Präzision. Von den Fenstern im ersten Stock eröffnet sich dem Betrachter ein fantastischer Blick auf die raffiniert neu gestalteten und sanft abfallenden Terrassen. Beiderseits des zentralen Weges reihen sich lang gestreckte Buchsbaumeinfassungen, kunstvoll in Form geschnittene Bäume, Hainbuchenhecken, in Kübeln gepflanzte Stechpalmenkugeln und diagonal gesetzte Eibenkegel. Das zartgrüne Ensemble präsentiert sich in makelloser Symmetrie und Anmut.

Von unten nach oben durchschreitet der Besucher eine Abfolge mittelalterlicher und italienischer Stilelemente, die schließlich in der feierlichen Synthese der französischen Gartenkunst gipfelt. Stufe um Stufe entfaltet sich dabei der Wandel der Zeit. Doch ist dies nicht der eigentliche Sinn von Gartenkunst?
Ein erstes Tor geht der »Himmelspforte« voraus, als wolle es den Aufstieg zum Rasenhügel ankündigen, der in den wechselnden Farben des normannischen Himmels schimmert.

Jenseits der Mauern stellen sich grüne Buchen schützend dem Nordwind entgegen, während sich kleinere Bäume auf der Südseite dem Sonnenlicht zuwenden. Die einstigen Ackerflächen, die den Hügel umgaben, sind blühenden Obstgärten gewichen.

Ein grünes Baumkronendach im Herzen der Bocage-Landschaft beschirmt die prächtigen Terrassen, die das ganze Jahr über in Grüntönen und architektonischer Pracht erstrahlen. Je nach Blütezeit unterbricht jedoch eine sorgsam von Barbara Wirth ausgewählte Bepflanzung in Blau und Weiß die streng geometrische Komposition.

Tulpen, Iris, Cardy, Pfingstrosen und Magnolien säumen dann die Gartenräume mit farbenprächtiger Fülle, während Lorbeerbäume, weiß blühender *Osmanthus* und glänzende Stechpalmen die letzte Terrasse schmücken. Perlweiße Rosen setzen vor dem grauen Stein der Hausfassaden mit stiller Noblesse feine Akzente. In kühlen Blautönen umschmeicheln Schmucklilien die in vielfältigen Sorten vertretene *Clematis*. Und hinter der Kirche betören alte Rosensorten mit ihrem Duft.

Am Eingang des Anwesens empfängt ein monumentales Tor im ionischen Stil den Besucher. Eindrucksvoll und verzaubernd, markiert es den Auftakt einer faszinierenden Gartenreise. Ebenso wie die Terrassen steht es unter Denkmalschutz.
Für Didier Wirth muss ein Garten die Seele eines Ortes widerspiegeln. Er verbindet die Materie mit ihrem Schöpfer – ein fragiles Band, das bisweilen rissig werden kann. Erweist sich die Verbindung jedoch als fruchtbar oder übertrifft sie gar die Erwartungen, entsteht ein Garten, der Generationen bezaubert. Ein Garten wie jener von Brécy. ●

Besucherinformationen

Jardins de Brécy
8, rue du Château
Hameau de Brécy
14480 Creully-sur-Seulles
Tel. + 33 2 31 80 11 48
lesjardinsdebrecy@gmail.com

Öffnungszeiten

Geöffnet von Ostern bis Allerheiligen
Dienstag, Donnerstag, Sonntag und an Feiertagen von 14.30 bis 18.30 Uhr
Im Juni zusätzlich Samstag von 14.30 bis 18.30 Uhr

➛ An allen anderen Tagen auf Anfrage (telefonisch oder per E-Mail)

➛ Eine Voranmeldung (telefonisch oder per E-Mail) wird empfohlen.

DIE GÄRTEN von MONTPERTHUIS

✵ Chemilli
Orne

Die modernen Gärten von Montperthuis wurden 2010 vom Landschaftsarchitekten Philippe Dubreuil gestaltet. Sie umgeben ein Herrenhaus aus dem 15./16. Jahrhundert samt historischen Wirtschaftsgebäuden. Obstgärten, Küchengarten und alles, was sonst noch zum typischen Landleben gehört, fügen sich hier zu einem harmonischen Ganzen.

Würde Odysseus in unserer heutigen, von Unsicherheit geprägten Zeit leben, wäre er wohl weder Krieger noch König, sondern Gartenkünstler: eine Verbindung aus Gärtner und Künstler, die der Vorstellungswelt der Renaissance entspringt. Ein tröstender Gedanke in einer Welt, die – trotz aller Dementis – immer noch oft in Kategorien von Macht und Wettbewerb denkt. Im Gegensatz zu Odysseus benötigte unser »Held der neuen Ära« bis zu seiner Heimkehr auch keine 20, sondern nur 15 Jahre. Zweifellos dank moderner Transportmittel, die effizienter sind als jene zu Homers Zeiten. Ob er wohl auf seiner Reise auch dem kriegerischen Volk der Kikonen begegnete oder den friedlichen Lotophagen?

Gut vorstellbar! Auch wenn er selbst sich dahingehend bedeckt hält, berichten zuverlässige Quellen, dass »unser Odysseus« zahlreiche Gärten auf der ganzen Welt besucht und – noch erstaunlicher – einige davon sogar selbst entworfen hat. Bisweilen scheint auch er dem Zauber des Lotos erlegen zu sein: So wird berichtet, dass er längere Zeit in den britischen Cotswolds verweilte, jener Landschaft, die als *Area of Outstanding Natural Beauty* (Gebiet von außergewöhnlicher Naturschönheit) bekannt ist.

»Odysseus«, mit bürgerlichem Namen Philippe Dubreuil, gelang es schließlich, sich aus dem hypnotischen Netz der Fremde zu befreien. Sein Gegenmittel? Ein tiefes Verlangen, Wurzeln zu schlagen. Und so ließ der Weltenbummler seine Heimat, die Dau-

phiné, hinter sich und begab sich in die Region Perche – eine Landschaft, die ihn unweigerlich an die leuchtenden Hügel Englands erinnerte.

Im Herzen der Bocage-Landschaft erhob sich das alte Herrenhaus La Pillardière mit seinem moosbewachsenen Ziegeldach samt Scheune, Stallungen und einem Brunnen. Seit dem 15. Jahrhundert hatten die Gebäude viel gesehen. Ringsum erstreckten sich endlose Felder. Viele andere hätte die monotone Landschaft wohl abgeschreckt, nicht jedoch unseren »Odysseus« Philippe. Er sah sie als eine leere Seite, die noch beschrieben, als eine Geschichte, die noch erzählt werden wollte.
Die Gärten von Montperthuis präsentieren sich heute als grüne Oase, unterteilt in mehrere Gartenräume. Ein einfallsreiches, üppiges Patchwork der Gartengeschichte, das die schrittweise restaurierten Gebäude in neuem Glanz erstrahlen lässt.

Abgesehen von einer Hainbuche und einem Weißdornbusch herrschte hier anfangs gähnende Leere. Philippe Dubreuil jedoch modellierte die zwei Hektar große Fläche. Eine weitläufige Ulmenallee wurde angelegt, um die sich die Gartenräume gruppieren. Einige dieser Bereiche bleiben dem Auge des Betrachters zunächst verborgen und offenbaren sich erst hinter einer grünen Wand oder einer Reihe von Buchsbaumkegeln. Ein Beispiel ist der »Geheime Garten«, bepflanzt mit Nieswurz, Pfingstrosen und Magnolien und geschmückt mit zwei antiken Statuen.

Vor dem Herrenhaus wurde, auf einer aufgeschütteten Fläche, ein 4000 Quadratmeter großer Hof angelegt. Auf ihm entfaltet sich der »Paradiesgarten« mit ornamentalen Buchsbaumparterres sowie einem Rosengarten mit über 300 historischen Sorten. Inmitten der vom Barock inspirierten Broderieparterres plätschert – gleich den vier paradiesischen Flüssen – ein achteckiger Brunnen. Unweit entfernt verströmt ein nach historischen Klostergärten angelegter »mittelalterlicher Kräutergarten« seine Düfte.

Durchblicke in den Hecken ermöglichen die Sicht auf die Landschaft und den Horizont. Dubreuils Entwürfe sind von den Gärten der Welt inspiriert, die er ihm Lauf seines Lebens besuchte: Grüne Lauben, Brunnen und die aus Großbritannien bekannte Fülle an Blüten, Blättern und Texturen – das alles wollte er auch in seinem Garten umsetzen.
Heute erblüht Montperthuis als ein englischer Garten, überquellend von Pfingstrosen, Schneeballsträuchern und Purpurglöckchen.

Das Herzstück des Anwesens bildet der 800 Quadratmeter große Küchengarten, der von einer niedrigen Mauer umgeben ist. Hier gedeihen alte Gemüsesorten wie Topinambur ebenso wie bewährte Nutzpflanzen: Artischocken, Tomaten, Kartoffeln und Salat. Philippe Dubreuil setzt auf biologischen Anbau, frei von Pestiziden. Um die Ernteerträge zu steigern, pflanzte er Blauraute, deren violett leuchtende Blüten Bienen und andere Bestäuber anziehen. Die Insekten nehmen das Angebot dankbar an und kommen in Scharen, um Obst- und Gemüsepflanzen zu befruchten.

Unweit des Gemüsegartens schützt ein Gewächshaus empfindliche Zitrusfrüchte, junge Setzlinge und eine Sammlung von Kakteen.
Mehr als 500 Bäume und rund 2000 Sträucher entfalten in den Gärten ihre Pracht, darunter Japanische Blütenkirschen, Eichen und Linden. Nach bewährter Tradition werden die klassisch gegliederten Gartenräume zur Bocage-Landschaft hin aufgelockert, wo sich Stauden und Gräser mischen.
Ein formaler Obstgarten mit am Spalier gezogenen Apfel- und Birnbäumen geht in einen offeneren Bereich mit alten Sorten von Most- und Tafeläpfeln über.

Die Gärten von Montperthuis entwickeln sich stetig weiter. So entstehen derzeit hinter dem Herrenhaus von der italienischen Renaissance inspirierte Terrassen. In seinem Garten überschreitet der weltgewandte Reisende die Hemisphären und wandelt, wie es ihm beliebt, durch die Jahrhunderte. »Denn als der Mensch in den Garten Eden gesetzt wurde, kam er dahin, damit er ihn bearbeite – was beweist, dass der Mensch nicht zur Muße geboren wurde«, schreibt Voltaire. Und genau das tut Philippe Dubreuil mit seinem Gartenkunstwerk. •

Preise, Pflanzen und Percherons

♥ *Die Gärten von Montperthuis tragen seit 2021 das Prädikat* Jardin Remarquable. *Bereits 2015 wurden sie von der französischen Gartenbaugesellschaft* Société Nationale d'Horticulture de France *(SNHF) mit dem* Prix d'excellence Bonpland *sowie mit dem Preis für den schönsten Küchengarten Frankreichs ausgezeichnet. Die Aufnahme in das* Noé Conservatoire pour la biodiversité *würdigt sein Engagement für die Erhaltung der biologischen Vielfalt.*

Dies gilt auch für die Tierwelt: So lassen sich hier u. a. zwei Hängebauchschweine, ein Percheron-Pferd und Ouessant-Schafe bewundern. Besucher können zudem in der angeschlossenen Gärtnerei zahlreiche Pflanzen erwerben. In der Scheune finden überdies regelmäßig Ausstellungen, Workshops und andere Veranstaltungen statt. Auch Hunde sind willkommen – vorausgesetzt, sie verhalten sich ruhig und bleiben an der Leine.

Besucherinformationen

Jardins du Montperthuis
Manoir de la Pillardière
61360 Chemilli
Tel. +33 6 85 30 30 81

Öffnungszeiten

➛ Geöffnet von Anfang Mai bis Ende September
Samstag und Sonntag von 14 bis 18 Uhr

➛ Weitere Informationen unter:
www.lesjardinsdumontperthuis.com

DSCHUNGEL-Garten
KARLOSTACHYS

✲ Eu
Seine-Maritime

Von seinen zahlreichen Reisen brachte Carles Boulanger exotische Pflanzen mit – überwiegend aus Bergregionen. Mit viel Geduld und Gespür gewöhnte er sie an das Klima der Normandie. Das Ergebnis ist ein außergewöhnlicher Dschungelgarten, der Besuchern ein unvergessliches Erlebnis bietet.

Calvados – Land der Exotik: Ein gewagtes touristisches Versprechen, das den zurückhaltenden Normannen wohl eher ein mildes Lächeln entlockt. Und doch trotzen hier zwei Gärten – vom Cotentin bis zur Seine-Maritime – dem launischen ozeanischen Klima und verleihen den beschaulichen Landschaften aus Weiden und Apfelhainen einen Hauch von Fremde und Freiheit.

Im Westen, inmitten wilder Heide und direkt am Rand der Klippen, besticht der botanische Garten in Vauville mit seiner anmutigen Vielfalt südlicher Pflanzen. Im Osten, nahe Dieppe und nur vier Kilometer vom Ärmelkanal entfernt, ist ein urwüchsiger Dschungel dessen wildes Gegenstück. Sein Name ist so fantasievoll wie sein Schöpfer: Karlostachys. Griechisch? Lateinisch? Romanisch? Slawisch? Oder doch ein bisschen von allem – und doch ganz eigen.

»Karlos« ist eine abgewandelte Form von »Charles«, in Anspielung auf Charles Boulanger, den Schöpfer dieses Dschungelgartens. »Stachys« wiederum stammt von *Phyllostachys*, dem botanischen Namen für Bambus – abgeleitet aus dem Griechischen: *Phyllon* für »Blatt« und *Stachys* für »Ähre«. Voilà: Karlostachys.
Von einem Garten Eden kann hier keine Rede sein, keine verklärte Sehnsucht nach dem Paradies. Hier heißt es: Gummistiefel anziehen und sich einem Dschungel aus Riesenpflanzen stellen. Ziemlich ambitioniert, gewiss – doch es ist die Mühe wert.

Von einem Garten Eden kann hier keine Rede sein, keine verklärte Sehnsucht nach dem Paradies. Hier heißt es: Gummistiefel anziehen und sich einem Dschungel aus Riesenpflanzen stellen.

Charles Boulanger, einst Holzhändler, arbeitete eine Zeit lang als Führer in der *Bambouseraie de Prafrance* bei Anduze im Département Gard, dem größten Bambusgehölz außerhalb Asiens. Schon als Kind lebte er mitten im Staatswald von Eu und pflanzte alles an, was ihm in den Sinn kam und in die Hände fiel. Als Erwachsener bereiste er die Welt (und tut es immer noch): von Vietnam bis China, von Australien bis Chile. »Karlos«, mit seinem jungenhaften Gesicht und der kräftiger Statur, liebt die Hochlagen. Von dort brachte er die Samen mit, die heute als riesige Pflanzen seinen Dschungelgarten bevölkern. Hierzu zählen Eukalyptusbäume, die er am Mount Buffalo in Australien entdeckte – eine Sorte, die Temperaturen von bis zu minus 30 Grad standhält. Genug, um auch den rauen Wintern der Normandie zu trotzen.

Charles Boulanger ist ein Gärtner, der nicht gärtnert – oder nur sehr wenig. Er beschneidet nicht, stutzt nicht und er versucht auch nicht, die Natur zu zähmen. Statt zu pflanzen, sät er. Er sammelt, kultiviert und beobachtet, wie sich die mitgebrachten Pflanzen entwickeln. Chemikalien und Düngemittel? Begriffe, die in seinem Wort- und Erfahrungsschatz fehlen. Verluste nimmt er bereitwillig in Kauf. Ebenso

wuchernde Pflanzen, an Bäumen rankenden Efeu sowie Brombeeren und Brennnesseln, die im Dschungelgarten das Kommando übernehmen.
Und doch sprießen – inmitten von Schmetterlingsschwärmen, summenden Bienen und Mückengewimmel – baumgroße Bananenstauden, imposante Farne und Mammutbäume, tropischer Ingwer und riesige *Cathaya* mit nadelförmigen Blättern. Die wilde Schönheit der ungebändigten Natur.
Dieser förmlich aus dem Nichts erschaffene Dschungel ist in seiner grünen Üppigkeit in drei Gartenräume gegliedert.

Im lichtarmen Arboretum mit seinem dichten, üppigen Blätterdach gedeihen seltene Baumarten – darunter die majestätische *Fitzroya*. Da ihr die Götter (je nach Sichtweise zum Glück oder leider) nicht die Gabe der Sprache verliehen haben, verharrt sie in stiller Erhabenheit. Doch ihre bloße Präsenz genügt, um selbst die wucherndsten Großmäuler in ihre Schranken zu weisen. Die mächtige Zypresse stammt aus den Anden Chiles und Argentiniens. Sie kann bis zu 55 Meter hoch und mehrere tausend Jahre alt werden. Das älteste bekannte Exemplar dieser einzigartigen Art scheint in einem chilenischen Nationalpark die Zeit zu überdauern. Sein geschätztes Alter? 5484 Jahre.

Verglichen mit ihrer ehrwürdigen Strenge wirken die hier zu Hunderten wachsenden Tannen, Mammutbäume und asiatischen *Schefflera* geradezu wie freundliche Riesen.

Zu den offeneren Eukalyptuspflanzungen, die einen eigenen Gartenbereich bilden, wirkt dieser wunderliche Wald wie ein Kontrast aus Licht und Schatten. Im Bambusgarten, der ebenfalls zum Arboretum gehört, bevölkern über 300 Arten den skurrilen Mikrokosmos und beeindrucken mit ihrer Vielfalt. Einige davon sind Zwergsorten, andere Kletterpflanzen. Es gibt mächtige Giganten, die am besten in respektvollem Abstand betrachtet werden, ebenso wie Sorten mit roten, schwarzen, bläulichen und sogar vierkantigen Halmen. Hier kann man schon einmal einem schwindelerregenden Rausch verfallen. Man muss nur die Augen weit öffnen und sich seinen Weg durch die unwirkliche Wildnis bahnen.

Zwischen 5000 und 7000 Arten wachsen hier und wetteifern im Dschungel um ihren Platz. Und dennoch kennt Charles Boulanger den Standort jeder einzelnen Pflanze. Wer neugierig ist, dem erzählt er fachkundig und begeistert ihre Geschichten.
Der unkonventionelle Gärtner liebt es, Hybridarten zu züchten, und hält unbeirrt an heimischen Sträuchern und Brennnesseln fest – Pflanzen, die, wie er argumentiert, zahlreichen Schmetterlingen Nahrung bieten. Für Besucher wie für die Frösche, die auf der Jagd nach Schnecken aus den künstlich angelegten Teichen springen, wirkt dieser Ort exotisch, scheinbar ungeordnet und doch ist er sorgfältig gepflegt.
Für den Landschaftsarchitekten Pascal Cribier ist Charles Boulanger ein Visionär: »Er gestaltet keinen Ziergarten, sondern ein Laboratorium des Lebens.«

Wenn wir für einen Moment die Gärten mit geraden Alleen, harmonischen Beeten und Buchsbaumkarrees hinter uns lassen und uns in diesen modernen und der Zeit entrückten Dschungel wagen, weckt diese Abenteuerreise unwillkürlich unsere wilde Seite und eröffnet uns neue Horizonte. Wer weiß, was wir dort noch entdecken … •

Auf Entdeckungstour

♥ *Im Dschungel-Garten werden alle Führungen von Charles Boulanger persönlich geleitet. Das ist Teil des besonderen Erlebnisses. Besuchern stehen zwei Möglichkeiten zur Auswahl: eine zweistündige öffentliche Gruppenführung mehrmals wöchentlich zu festgelegten Terminen von Mitte März bis Ende Oktober (15 Euro pro Person). Oder für Gruppen ab fünf Erwachsenen auf Anfrage eine private Führung. Termine und Informationen findet man auf der Website.*

Besucherinformationen

Jardin Jungle Karlostachys
Route de Beaumont (zwischen Ferme de Beaumont
und archäologischer Stätte Briga), 76260 Eu
Tel. +33 6 23 75 19 73
charles.boulanger@yahoo.fr

Öffnungszeiten

➳ Geöffnet von Mitte März bis Ende Oktober
Der Garten ist ausschließlich im Rahmen von Führungen zu besichtigen, die aktuellen Termine findet man auf der Website.

➳ Bei starkem Wind kann die Führung abgesagt werden.

➳ Der Garten ist nicht befahrbar und daher für Personen mit eingeschränkter Mobilität und Kinderwagen nicht zugänglich.

➳ Festes Schuhwerk (Stiefel) und gegebenenfalls Regenkleidung ist erforderlich.

➳ Weitere Informationen unter: www.jardinjungle.com

BOIS des MOUTIERS

✵ Varengeville-sur-Mer
Seine-Maritime

Der Garten von Bois des Moutiers, angelegt rund um ein in Frankreich einzigartiges Arts-and-Crafts-Gebäude, wurde von der renommierten Gartenkünstlerin Gertrude Jekyll entworfen. Die kürzlich restaurierte Anlage ist ein wahrer Erweckungsmoment in Sachen Gartengestaltung.

Manchmal finden die richtigen Menschen zur richtigen Zeit am richtigen Ort zusammen – gerade so, als wäre es vorherbestimmt. Spirituelle Kräfte, kreative Impulse und visionäre Ideen vereinen sich dabei in geradezu vollkommener Harmonie. Ein solches Zusammentreffen fand im Bois des Moutiers in Varengeville-sur-Mer statt. Allein schon das Dorf! Hoch oben auf einem der Kreidefelsen der Côte d'Albâtre gelegen, die das Meer zuweilen milchig schimmern lassen, erhebt es sich über die Landschaft und blickt hinüber zur englischen Küste. Mit seinem Zauber und seiner Schönheit zog es im 19. Jahrhundert zahlreiche Künstler der Arts-and-Crafts-Bewegung in seinen Bann. Geboren als Antwort auf die entfesselte Industrialisierung des Britischen Empire erschuf diese kulturelle Strömung eine neue Ästhetik, bei der Handwerk, Materialien und Natur im Mittelpunkt stehen.

1884 malte Claude Monet die Kirche von Varengeville-sur-Mer sieben Mal – vom Ufer und von den Höhen der Küste aus. Ein Buntglasfenster in der Kirche trägt die Signatur von Raoul Ubac, ein weiteres stammt von Georges Braque. Der kubistische Maler schuf zudem sechs Fenster für die benachbarte Kapelle Saint-Dominique. Braque verbrachte jedes Jahr vier Monate im Dorf und wurde hier auch beigesetzt. »Viel mehr möchte ich mich mit der Natur vereinen, als sie nur nachzubilden«, steht über seinem Grabstein. Treffender ließe sich der Geist der Arts-and-Crafts-Bewegung kaum fassen. Auch der Schriftsteller Louis Aragon und der Maler Joan Miró kamen nach Varengeville. Letzterer begann hier seine berühmte Gemäldeserie »Konstellationen«. Bereits vor ihnen hatten das außergewöhnliche Licht, die heilsame Atlantikluft, die perlmuttfarbenen Felsen und die von Tau funkelnden Wiesen den kunstsinnigen Bankier Guillaume Mallet und seine Frau Adélaïde Grunelius so sehr verzaubert, dass sie gegen Ende des 19. Jahrhunderts ein Anwesen in Varengeville erwarben.

»Viel mehr möchte ich mich mit der Natur vereinen, als sie nur nachzubilden.«

2020 kauften Jérôme und Sophie Seydoux das Areal und übertrugen seine Neugestaltung dem Landschaftsarchitekten Madison Cox. Mit großer Sensibilität für den ursprünglichen Entwurf und das historische Erscheinungsbild hauchte er dem Ensemble neues Leben ein: Harmonie und formale Schlichtheit, eine symbiotische Beziehung zwischen Haus und Natur, zwischen seinen Bewohnern und der umgebenden Landschaft – eine zarte, fast organische Verschmelzung, sei sie menschlich, pflanzlich, tierisch oder mineralisch. »Mit der Natur vereint«, wie Braque es nannte.

Das Anwesen umfasst ein Herrenhaus aus Stein und Ziegeln mit steilen Ziegeldächern und hohen Fenstern, umgeben von formalen Gärten. Dahinter öffnet sich in der Talsohle ein weitläufiger englischer Landschaftspark.
Guillaume Mallet, der seine Laufbahn als Kavallerieoffizier aufgegeben hatte und sich in seiner Freizeit der Theosophie widmete, beschloss 1898, sich von nun an nur noch der Gestaltung des Herrenhauses und der Gärten zu widmen.
Die Architektur folgte theosophischen Prinzipien und dem Eingeweihten offenbart das Anwesen eine Vielzahl symbolhafter Details.
Guillaume und Adélaïde Mallet beauftragten den jungen Architekten Sir Edwin Lutyens mit dem Entwurf des Hauses und die renommierte Gartenkünstlerin Gertrude Jekyll mit der Gartengestaltung. Der in sieben Teilbereiche gegliederte Garten, inspiriert von den Schriften des Gartenautors William Robinson, ist als organische Erweiterung des Hauses konzipiert.

Die einzelnen Gartenräume sind terrassenförmig angelegt und von Mauern umgeben. Sie umfassen französische Buchsbaumbroderien, einen »Weißen Garten«, Rosenbeete, kunstvolle Formschnittgehölze sowie die aus der englischen Gartenkunst bekannten Mixed Borders – die ersten ihrer Art in Frankreich.
Die Handschrift von Gertrude Jekyll – Malerin und »Hohepriesterin der Farben – zeigt sich deutlich in den fein abgestimmten Texturen und vom Mittelalter inspirierten Farbkombinationen sowie im gestaffelten Aufbau der Pflanzbeete.
Alle Gartenräume sind durch Treppen oder Pergolen verbunden, die von Glyzinien und Kletterrosen aufgelockert werden. Der ehemalige Küchengarten wurde in einen duftenden Rosengarten verwandelt. Eine prachtvolle Rasenallee, gesäumt von imposanten Formschnittgehölzen, führt hinab in die tiefer gelegenen Gartenbereiche.

Je weiter der Weg hinabführt, desto häufiger begegnet man exotischen Pflanzenarten. Ein zentrales Prinzip der Arts-and-Crafts-Gartenkunst war es, fremdländische Pflanzen harmonisch in die natürliche Umgebung einzufügen, indem man sie mit heimischen Arten kombinierte. Chinesische Azaleen, Chilenische Scheinulmen, bis zu zehn Meter hohe Riesenrhododendren und majestätische Baumfarne – um nur einige zu nennen – begleiten den Weg zur Magnolienwiese.
Je weiter man sich vom Haus entfernt, desto mehr zeigt sich die Natur in ihrer ursprünglichen Gestalt und die Pflanzungen verschmelzen mit der Landschaft.

Der Rundgang führt vorbei an hundertjährigen Eichen, an Schwarzkiefern, Hainbuchen und Nadelbäumen. Wer den Blick hebt, entdeckt die feingliedrigen Zweige einer Libanonzeder oder die herbstlich leuchtenden Farben eines Ahorns. Auf der letzten Wiese, die sich sanft den Hang hinab bis zum hellgrün schimmernden Wasser erstreckt, entfalten sich die Stauden in wilder Schönheit. Schaut man zurück, öffnet sich der Blick auf weitläufige Rasenflächen, gesäumt von üppigen Beeten, in denen vor allem Hortensien blühen. Nördlich des Gartens erheben sich weiße Klippen majestätisch über dem Strand. Vor tiefblauem Himmel zeichnet sich der Glockenturm der Kirche Saint-Valéry ab und die Landschaft erstrahlt wie ein lebendig gewordenes Gemälde von Monet. ●

Besucherinformationen

Bois des Moutiers
46, route de l'Église
76119 Varengeville-sur-Mer

Öffnungszeiten

➛ Geöffnet von Anfang Mai bis Anfang November
Freitag und Samstag 10 bis 11.45 Uhr, nur als geführte Tour nach vorheriger Reservierung über die Website

Für Gruppen ab 10 Personen dienstags bis freitags nach Voranmeldung

➛ Weitere Informationen unter:
www.boisdesmoutiers.com

Nouvelle-Aquitaine

Eyrignac und seine Gärten, Périgord • Salignac-Eyvigues
Der Park von Majolan, Gironde • Blanquefort

EYRIGNAC
und seine
GÄRTEN

✲ Salignac-Eyvigues
Périgord

Eingebettet in die zauberhafte Landschaft des Périgord Noir erstrecken sich rund um das ehrwürdige Herrenhaus von Eyrignac auf über zehn Hektar die gleichnamigen Gärten. Sie gelten als Meisterwerk der formalen französischen Gartenkunst – ein Ort, an dem mit Gartenschere und Präzision Formschnittgehölze erschaffen werden, die in ihrer Strenge eine stille Magie entfalten.

Nein, der Name der Region »Schwarzes Périgord« bezieht sich weder auf die begehrten schwarzen Périgord-Trüffel noch auf die dunklen Höhlen im Herzen der Dordogne, die den Sagen nach von Hexen und bösen Geistern bevölkert werden. Stattdessen verwandeln dunkle Eichenwälder die Region in ein geheimnisvolles Reich der Schatten. Die Wälder rund um Sarlat, die Hauptstadt des Périgord Noir, sind so dicht, dass sie die Landschaft in einen düsteren Nebel zu tauchen scheinen. Aber wo Schatten ist, ist auch Licht. Nur wenig entfernt von Sarlat erhebt sich das Herrenhaus von Eyrignac, umgeben von seinen Gärten, ein historisches und botanisches Juwel.

Ein erstes befestigtes Anwesen an diesem Ort wurde im Hochmittelalter bei Kämpfen zerstört. Das heutige »Herrenhaus von Artaban« wurde dann im 17. und 18. Jahrhundert auf den Ruinen dieses Gebäudes errichtet. Seine hellen Steinmauern und die Schieferdächer sind charakteristisch für die Architektur des Périgord. Sprossenfenster und ein quadratischer Turm, Überbleibsel des alten Herrenhauses, knüpfen an seine Zeit zwischen Mittelalter und Renaissance an und unterstreichen den Charme dieses Bauwerks des ländlichen Adels. Es ist nicht alltäglich, dass sage und schreibe 22 Generationen ein und derselben Familie innerhalb dieser Mauern mit ihren monumentalen Steinkaminen, Terrakottaböden und Balkendecken lebten. Den Stolz auf diese jahrhundertealte Geschichte unterstreichen die zahlreichen Porträts von Familienmitgliedern in Eyrignac.

Der derzeitige Hausherr, Patrick Sermadiras, bewahrt mit großer Sorgfalt das Erbe seiner Vorfahren und widmet sich mit Hingabe der Eleganz dieses französischen Gartens. Die Gärten wurden bereits im 18. Jahrhundert entsprechend dem Geschmack der Zeit, orientiert am Gartenstil einer italienischen Villa, angelegt. Im 19. Jahrhundert erfolgte die Umgestaltung des formalen geometrischen Gartens zu einem englischen Park, wie er damals in Mode kam.

Gilles Sermadiras, der Vater des heutigen Besitzers, fasste im Jahr 1965 dann einen visionären Entschluss: Er wollte den Gärten von Eyrignac ihr ursprüngliches Antlitz zurückgeben. Mit der Akribie eines Detektivs durchstreifte er das Gelände auf der Suche nach Spuren aus dem 18. Jahrhundert – verwitterte Treppen, vergessene Mauern, alte Wasserbecken. Aus diesen Fragmenten der Vergangenheit formte er mit sicherer Hand den lang ersehnten Garten neu. Die Gartenanlage setzt sich aus sieben verschiedenen Gärten zusammen, die für ihre Pflanzenskulpturen und Beete berühmt sind.

Wenn es in Frankreich einen Ort gibt, an dem die Kunst des Formschnitts zur Vollendung gelangt, dann sind es die Gärten von Eyrignac. Mehr als 300 meisterhaft geformte Figuren aus Buchsbaum, Eibe und Hainbuche teilen sich mit Zypressen einen makellos gepflegten grünen Rasen. Arabesken, Spiralen, Kegel, Würfel und Kugeln – jede Form ist das Ergebnis akkurater Handarbeit mit der Schere, mit einer Präzision, die Staunen weckt und stille Ehrfurcht hinterlässt.

Wenn es einen Ort gibt, an dem die Kunst des Formschnitts zur Vollendung gelangt, dann sind es die Gärten von Eyrignac.

Der erste Gartenraum ist – wie könnte es anders sein – der »Französische Garten«, das Herzstück des Anwesens. Eindrucksvoll beschnittene Pflanzenfiguren reihen sich rhythmisch zwischen streng geführten Hecken und erzeugen ein spannendes Spiel aus Tiefe, Ordnung und Perspektive. Geradlinige Alleen, inspiriert von Le Nôtre, dem Gartenarchitekten von Versailles, verleihen dem Ensemble höfische Eleganz.

Im »Weißen Garten« werden die Besucher im Sommer selbst Teil des Bühnenbilds. Sein Thema ist die Reinheit. Und doch ist die Blütenpracht alles andere als zurückhaltend. Hortensien, Sternjasmin, *Agapanthus*, Lilien und perlmuttfarbene Rosen fügen sich zu einem duftenden Strom aus Weiß, der den Besucher sanft umhüllt. Wer diesem Zauber für einen Moment entkommen möchte, schlendert die 100 Meter lange »Allée des Charmes« entlang – gesäumt von Hainbuchen, kunstvoll zu grünen Vorhängen geschnitten. Für jene, die Ruhe suchen, ist die »Allée des Vases« eine stille Promenade, flankiert von Steinvasen, in denen Eiben zu Kugeln geformt sind.

Im kunstvoll formal angelegten »Blumen- und Gemüsegarten« finden Ordnung und Üppigkeit zu einem harmonischen Gleichgewicht. In streng geometrischen Beeten gedeihen fast vergessene Gemüseschätze wie Pastinaken, Knollen-Ziest und Topinambur, Seite an Seite mit Artischocken, Karotten, Salbei, Thymian und Rosmarin.

Auch Blumen gibt es in diesem Teil des Gartens, der zu einer wohltuenden Pause einlädt. Immergrüne Stauden, historische und moderne Rosensorten, Ziersalbei und Lavendel formen üppige Beete in unterschiedlichen Höhen. Inspiriert vom englischen Cottage-Garten – dem einzigen britischen Akzent in dieser französischen Gartenwelt – entfaltet sich hier ein Fest der Farben und Formen aus ein- und mehrjährigen Pflanzen: Dahlien und Schmuckkörbchen in Rosa, Weiß und Rot. Bevor man sich den Blumenwiesen mit ihrem Meer aus Wildblumen widmet, lohnt ein Abstecher in den »Garten der Quellen«, eine üppige Oase der Ruhe: Seerosen bedecken stille Wasserflächen, Königsfarn und gelb blühende Sumpf-Schwertlilien säumen die Ufer, während Fontänen sich in barocken Wasserspielen in Becken ergießen. Im Périgord Noir bewahrt das prachtvolle Eyrignac nicht nur eine Gartenanlage, sondern auch jahrhundertealte Erinnerungen an eine lebendige Welt in Grün. •

Picknick und Boutique

♥ *An jedem Montagabend im Sommer öffnet das Anwesen seine Tore für ein ganz besonderes Ereignis: das »Weiße Picknick«, zu dem Groß und Klein willkommen sind. Man tanzt, singt, genießt Cocktails und schleckt Eis, während ein DJ für den musikalischen Rahmen sorgt. Lichtinstallationen und Feuerwerke verwandeln die Gärten in ein Fest der Sinne. Voraussetzung für die Teilnahme ist ein vollständig weißes Outfit. (Eine Reservierung ist nicht notwendig, aber der Kauf eines Online-Tickets wird empfohlen.) In der Boutique des Anwesens findet man liebevoll ausgewählte Souvenirs: Duftkerzen, Gartenstühle, Werkzeuge, Magnete und Kartenspiele – als Erinnerung an einen Ort der Aufklärung, der zu den bedeutendsten Monumenten Frankreichs zählt.*

Besucherinformationen

Jardins du Manoir d'Eyrignac
24590 Salignac-Eyvigues
Tel. + 33 5 53 28 99 71
contact@eyrignac.com

Öffnungszeiten

➛ Täglich und ganzjährig geöffnet
Kartenverkauf:
1. Januar bis 31. März: von 10.30 bis 12.30 Uhr und von 14.30 Uhr bis Einbruch der Dunkelheit
1. bis 30. April: durchgehend von 10 bis 19 Uhr
1. Mai bis 30. September: durchgehend von 9.30 bis 19 Uhr
1. bis 31. Oktober: durchgehend von 10 bis 19 Uhr
1. November bis 31. Dezember: von 10.30 Uhr bis 12.30 Uhr und von 14.30 Uhr bis Einbruch der Dunkelheit
Online-Tickets sind den ganzen Tag gültig und ermöglichen es Besuchern, nach Belieben zu kommen und zu gehen.

➛ Weitere Informationen unter:
www.eyrignac.com/fr

DER PARK
VON
MAJOLAN

Blanquefort
Gironde

Die meisterhafte Wiederherstellung eines Parks, der im 19. Jahrhundert als kühne Vision seines Schöpfers entstand. Wo einst ein Moor lag, entfaltet sich heute ein landschaftliches Schauspiel: Ein geschwungener Wasserlauf leitet den Spaziergang über geheimnisvolle Brücken, durch stille Waldpassagen hin zu einem Ensemble von Grotten – ein Weg, der die eigene Vorstellungskraft weckt und erweitert.

Am Anfang der Geschichte steht ein Schloss in der Gironde – und ein Bankier des 19. Jahrhunderts, sehr reich, wie man sie bewunderte und hasste. Noch bevor der Bankier auf der Bühne der Geschichte in Erscheinung tritt, erwarb Joseph Prom, der sein Vermögen durch den Handel mit Erdnüssen aus den französischen Kolonien gemacht hatte, aus romantischer Begeisterung das Anwesen Dulamon. Auf den Ruinen einer mittelalterlichen Festung ließ er 1865 sein Schloss errichten. Es sollte dem von Fontainebleau ebenbürtig sein. Und das Ergebnis wurde dem Anspruch gerecht. Entworfen von Jules Laffargue, einem Architekten aus Bordeaux, erstreckte sich das Gebäude über stolze 63 Meter. Sieben Dächer und eine Kuppel krönten die Fassade aus hellem Stein, eingefasst von zwei Seitenflügeln. Das Anwesen selbst – mit Weinbergen und einem »wunderbar angelegten Park« – umfasste 56 Hektar. Ob Joseph Prom und seine Gattin damit glücklich waren, ist nicht überliefert. Fest steht, dass das Paar Ende des 19. Jahrhunderts verstarb.

Und ihre Erbin? Sie heiratete den bereits zuvor erwähnten Bankier Jean Gustave Piganeau! Als standesgemäßer Schwiegersohn dachte er in großen Dimensionen. Am

Rande des Anwesens lag ein Sumpfgebiet, das der Bankier kaufte. Er wollte dort eine moderne Gartenanlage schaffen, die – bei seinen Kollegen und im entfernten Paris – Eindruck machte. Denn wozu wäre Reichtum gut, wenn nicht dafür?

Für den Landschaftsgestalter Gabriel Thouin, einen der bedeutendsten des 18. Jahrhunderts, war die Idealform eines romantischen Gartens – inspiriert von englischen Landschaftsgärten – ein »abwechslungsreiches Terrain mit sanften Erhebungen, gesäumt von Rasenflächen, Blumenwiesen, Gehölzgruppen und Wäldern sowie mit Wasser in all seinen natürlichen Erscheinungsformen«. Und selbstverständlich sollte eine romantische Gartenanlage auch Säulen, Grotten, Statuen und künstliche Ruinen umfassen – jene »dekorativen Follys«, die als Kulisse seelischer Landschaften dienten.

Für Piganeau gab es also viel zu tun. Die kleine Gemeinde Blanquefort, am Rande von Bordeaux gelegen, musste rund zehn Jahre lang Bauarbeiten über sich ergehen lassen. Doch es lohnte sich. Ein Bach, die Jalle, wurde dabei umgeleitet. Es entstand ein vier Hektar großer See, um den ein Weg neu angelegt wurde. Künstliche Kalksteingrotten, Schluchten, Steingärten, Springbrunnen und Ruinen wurden errichtet. Geschwungene Wege verbanden die einzelnen Gartenräume, die mit seltenen und exotischen Gewächsen bepflanzt wurden.

Doch Geld – wie alles Irdische – kommt und geht. Im Sog eines Börsencrashs verlor Piganeau sein Vermögen und nahm sich das Leben. Schloss und Anwesen wurden schließlich verkauft und verfielen. In den 1950er-Jahren hauchte eine Guinguette, ein Ausflugslokal, den Gärten für kurze Zeit neues Leben ein. Erst viel später fand das Schloss eine neue Bestimmung: Es wurde Heimstätte der Stiftung *Les Apprentis d'Auteuil*, die sich für benachteiligte Jugendliche und Familien engagiert. Der Park hingegen wurde 1975 schließlich von der Gemeinde erworben, 1984 öffnete er seine Tore für die Öffentlichkeit und wurde 2007 vollständig restauriert.

Die Anlage hat sich heute zu einem beliebten Ausflugsziel für die Einwohner des Großraums Bordeaux entwickelt und ermöglicht auf 20 Hektar ausgedehnte Spaziergänge. Im Zentrum liegt der See, auf dessen Oberfläche sich das Laub der Bäume und die verspielten Silhouetten der künstlichen Felslandschaft spiegeln. An seinen Ufern laden pittoreske Grotten und weitläufige Wiesen zu Picknick und Müßiggang ein. Felsvorsprünge gewähren einen Blick auf Schwäne, Stockenten und Teichhühner, die lautlos zwischen Seerosen, Lotusblüten und Sumpf-Schwertlilien dahingleiten. In abgelegeneren Bereichen kann man Reiher und Eisvögel beobachten sowie am Abend Fledermäuse, die in den künstlichen Felshöhlen eine Heimat gefunden haben.

Ein Streifzug durch das Labyrinth der Grotten und Tunnel ist derzeit zwar nicht möglich, da das gesamte Ensemble restauriert wird. Doch die barocke Architektur und die Rocaille-Brücke, ein kunstvoller Mix aus Stein und Beton, der einen natürlichen Felsbogen imitiert, lassen sich auch aus der Entfernung bewundern. Auf verschlungenen Pfaden führen die Spazierwege durch lichte Waldstücke, beschattet von hundertjährigen Eichen, Platanen, mächtigen Zedern und Mammutbäumen. Bambushaine tauchen am Waldrand auf. Fernab gerader Wege schlängelt man sich durch dieses pflanzliche Labyrinth, ein wenig verloren und doch verzaubert, bis sich plötzlich der Blick auf eine farbenfroh leuchtende Wildblumenwiese öffnet, eingefasst von kunstvoll angelegten Beeten. In dieser fast theatralischen Abfolge von inszenierten Gartenszenen und grünen Landschaften, von neu erfundener Natur und kunstvollem Arrangement, lebt der Geist der Romantik weiter – jener Geist, der dem unternehmungslustigen Piganeau so am Herzen lag und dem wir hier unsere stille Reverenz erweisen können.

Beete und Rabatten mit Tulpen und Narzissen rahmen weitläufige Rasenflächen ein. An breiten Alleen reihen sich rosa und weiß blühende Magnolien und Japanische Blütenkirschen aneinander. An anderer Stelle überwältigen die Besucher Glyzinien und Flieder mit ihrem Blütenglanz und ihrem betörenden Duft.
Im Sommer leuchten die Beete – ob geometrisch angelegt oder frei gestaltet – in den Farben historischer Rosen und üppigen Lavendels sowie blauer und violetter Hortensien. Wird die Hitze zu intensiv, findet man Schatten und Kühle in den Waldgärten, wo Farne, Funkien und Japan-Herbst-Anemonen wachsen.

Seit 2007 als *Jardin Remarquable* ausgezeichnet und in das Verzeichnis der historischen Denkmäler Frankreichs aufgenommen, lädt der Park von Majolan zu abwechslungsreichen Spaziergängen ein – eine fließende Abfolge von Szenerien aus Licht und Schatten. Auch Kinder lieben diesen Park! In seinem Zentrum befindet sich ein Spielplatz mit einer doppelten Seilrutsche. Etwas entfernt laden mit Totems und geschnitzten Tieren verzierte Holzkonstruktionen Groß und Klein zum Spielen im »Wilden Westen« ein.
Unter Kirschbäumen oder Japanischem Ahorn, am Seeufer oder nahe einer plätschernden Fontäne, zwischen Azaleen und Kamelien finden sich zahlreiche Bänke zum Verweilen – für erschöpfte Eltern, einsame Träumer und verliebte Paare. ●

Besucherinformationen

Parc de Majolan
Avenue du Général de Gaulle
33290 Blanquefort

Öffnungszeiten

➛ Anfang April bis Ende September
täglich von 8 bis 20.30 Uhr

➛ Anfang Oktober bis Ende März
8.30 bis 18 Uhr. Dienstag geschlossen

➛ Eintritt frei

➛ Weitere Informationen unter:
www.ville-blanquefort.fr/activites-et-sorties/prendre-l-air/parc-de-majolan

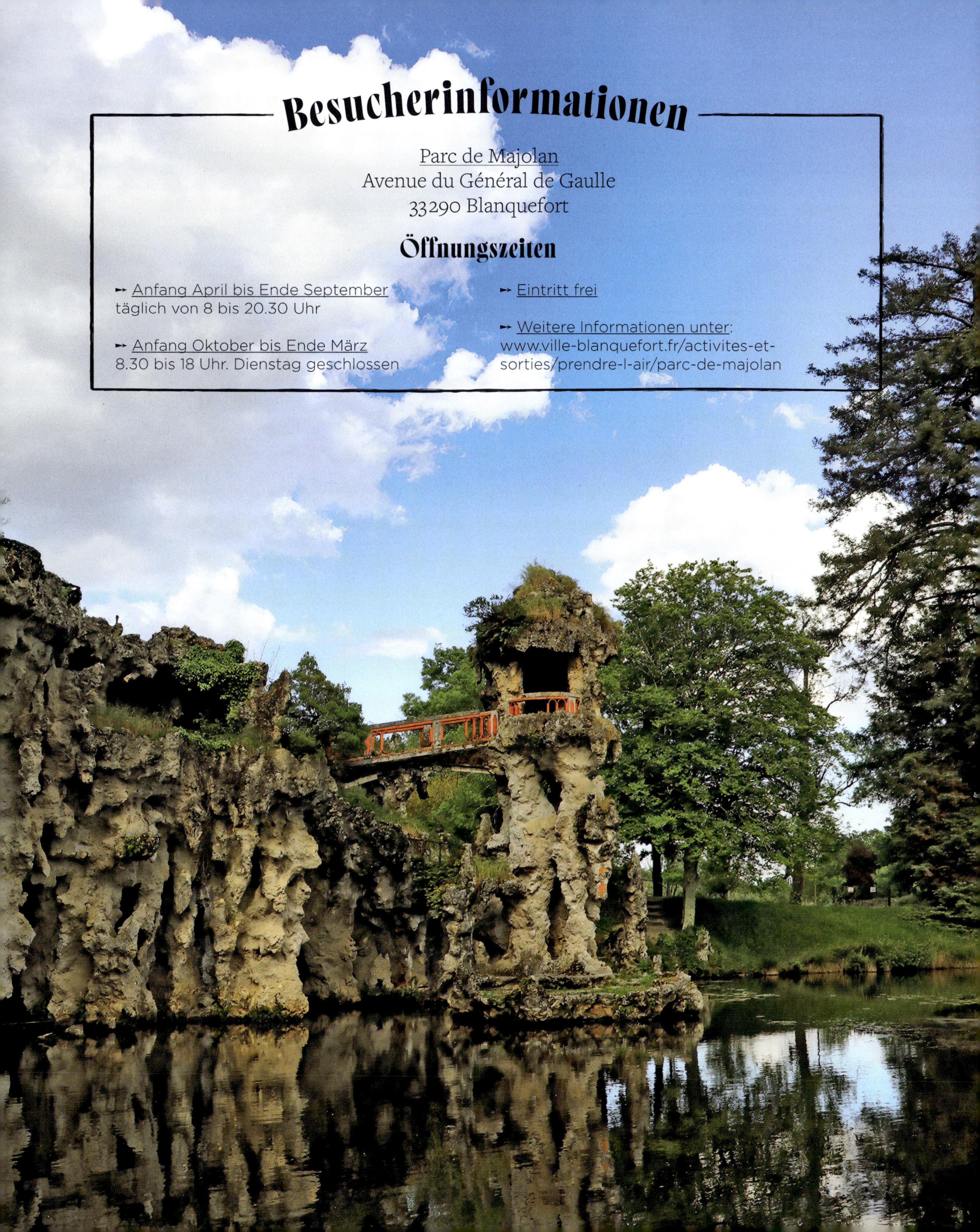

Okzitanien

Die Gärten von Martels, Tarn • Giroussens

DIE GÄRTEN von MARTELS

Giroussens
Tarn

Als englischer Blumengarten mit fernöstlichem Flair verzaubert der Park mit seiner Leidenschaft für Wasser- und Sumpfpflanzen – ein Ort, der zum Träumen einlädt.

Jung hat es besser als Freud erklärt: »Wir sind mehrere Persönlichkeiten, die in ein und demselben Menschen leben. Wir tragen eine Vielzahl von Archetypen in uns – eine unerschöpfliche Quelle an Reichtum, vorausgesetzt, wir sind uns dessen bewusst.« Freud hingegen hat es knapper auf den Punkt gebracht: »Unsere inneren Kämpfe sind lästig und verursachen endlose Konflikte.« Bleibt die Frage, wer am Ende gewinnt …

Das strafende Über-Ich ist selten der Freund des Ichs, das sich krampfhaft an die Realität klammert – und dieses wiederum zeigt sich nicht immer liebevoll gegenüber dem Es, das nur allzu gern ausbricht. Doch manchmal, mitten in unseren stillen Kämpfen, öffnet sich ein Weg: kraftvoll, unbeirrbar und er führt uns genau dorthin, wo wir sein sollen. Diese verschlungene Straße, zunehmend von Blüten gesäumt, lässt beinahe … das Glück erahnen.

Die Reyniers liebten Blumen – und das schon immer. Ein bedeutender Aspekt, den sie jedoch, und genau darin liegt die Ironie, beiseiteschoben und vergaßen. In den 1970er-Jahren wollten sie sich als Landwirte versuchen. Also verließen sie ihre Heimat im Aveyron und ließen sich rund 30 Kilometer von Toulouse entfernt in der kleinen Gemeinde Giroussens nieder, die bekannt für ihre Töpferwaren und Keramiken ist.

Das Paar baute Mais an und züchtete Enten. Für ihre Schwimmvögel legten sie einen Teich an, in dem sich bald Seerosen ansiedelten. Das Es flüsterte ihnen ins Ohr, dass ein Teich ohne etwas darum herum recht traurig sei – er brauche Farbe, viel Farbe ... Sofort erinnerten sich die Reyniers daran, wie sehr sie Blumen liebten. Sie legten also Beete und dazwischen grasbewachsene Wege an.

Die Blumenflächen gediehen prächtig, nahmen immer mehr Raum ein – und der einstige Bauernhof entwickelte sich mehr und mehr zu einem Garten. Die Reyniers nahmen an einem Wettbewerb teil, bei dem der »schönste blühende Bauernhof« gesucht wurde. Und zu ihrer Überraschung wurden sie ausgezeichnet.
Ihr Sohn Philippe, der in diesem Umfeld aufwuchs, gründete nach seiner Ausbildung an der Gartenbauschule auf dem Hof eine Gärtnerei. Der Garten der Eltern sollte der ideale Rahmen für die Präsentation seiner Pflanzen sein. Doch das Unbewusste der Familie Reynier verlor langsam die Geduld.
Freunde und Nachbarn besuchten den Garten der Familie – und sie waren begeistert von den Blumenbeeten und den Teichen mit den eindrucksvollen Wasserpflanzen, der Leidenschaft von Vater Thierry Reynier.

Die Kunde verbreitete sich – wer wem davon erzählte, ist unklar. Und so entstand eine Idee, die sich schließlich zu einer überfälligen Frage formte: Und wenn man den Garten auch für die Öffentlichkeit öffnete? Die Idee nahm immer konkretere Formen an und im Jahr 1994 war es dann soweit – die Gärten von Martels wurden Wirklichkeit. Und sie wurden ein voller Erfolg.

Seitdem zeigt das Es das zufriedene Lächeln eines Buddhas. Immer wieder begegnet man in den Gärten von Martels Buddha-Statuen – rundlich und satt, dösen sie im Schatten von Gehölzen an Teichen, unter riesigen Lotusblüten und in einem indonesischen Tempel, während das Über-Ich hinter den Hecken des sanften Gartens, der sich nun über dreieinhalb Hektar erstreckt, vor Wut schäumt. Die Reyniers und Lionel Dominique, inzwischen Direktor der Gärten – ein empathischer Mensch ohne Groll – stellen ihm hin und wieder eine Futterschale hin ...
Im Unterholz am äußersten Rand des Gartens, wo sich das Es meist versteckt, wachsen Farne und Azaleen gegenüber einem langen Beet mit Korallenbäumen sowie Zwiebel- und Staudenpflanzen wie Inkalilien.

Gleich dahinter verirrt man sich in einem Bambuslabyrinth mit schmalen Wegen – bis man plötzlich vor einer Kuh steht! Kein Grund zur Sorge, im Gegenteil: Dies ist das Zeichen, dass man heil aus dem Irrgarten herausgefunden hat, der direkt an einen Mini-Bauernhof grenzt. Dort leben Esel, Hühner, Ziegen und andere Tiere, völlig unbeeindruckt von freudschen Erkenntnissen, ihr friedliches Leben, eingelullt von der Melodie der zahlreichen Quellen dieses Wassergartens und nur gelegentlich gestört von ein paar übermütigen Kindern.
Ein Lotus-Tempel mit Buddha-Statuen erhebt sich über zwei große Teiche, die mit »japanischen« Trittsteinen ausgestattet sind. So gelangt man über die im Wasser liegenden Platten in den wohltuenden Schatten des Tempels.

Für Frédéric Reynier bilden all diese Gartenräume in ihrer Komplexität eine Einheit – mit sanften, fließenden Wechseln der Stimmungen. Nach seiner Vorstellung sollte jeder Spaziergang durch den Garten so geschmeidig verlaufen wie das Wasser, das den Garten durchzieht. Ein 130 Meter langer Kanal schlängelt sich vorbei an Beeten mit Magnolien, Glyzinien, Tulpen und Schneeballsträuchern – ein charmantes Vorspiel zu den zahlreichen Teichen, die mit exotischen Riesenseerosen und blühenden Lotusblumen beeindrucken.
Eine tropische Gewächshauslandschaft mit großen Wasserbecken beherbergt Kletterpflanzen wie Amerikanische Klettertrompete, Jasmin und Passionsblumen, dazu Engelstrompeten und Bananenstauden. Und nicht zu vergessen: Seerosen in sommerlichen Rot-, Weiß- und Rosatönen.

Sogar die abgestuften Terrassen sind von Teichen gesäumt. Um eine Pause in diesem Meer aus wogenden Pflanzen einzulegen, bietet sich ein 270 Jahre alter Olivenbaum an. Und ein balinesischer Jogglo, ein kleiner Aussichtspavillon, thront über dem von Wasser umgebenen Tempel. Frédéric Reynier und Lionel Dominique, beide begeisterte Asien-Liebhaber, insbesondere Balis, brachten ihn von einer Reise mit. Seine Architektur fügt sich wunderbar in die Wasserlandschaft ein – und das Ensemble erinnert eindrucksvoll an die »Insel der Götter«.
Glyzinien, japanische Ahornbäume, Beete mit historischen Rosen und Pfingstrosen, Sternjasmin, *Agapanthus* und Yuccas im »Mediterranen Garten« säumen den Weg entlang üppiger Wasserbecken.
Die Gärten von Martels sind in ständiger Wandlung begriffen und zählen zu den wichtigsten Sehenswürdigkeiten des Départements Tarn. Sie werden sogar in der Liste der 130 schönsten Gärten der Welt geführt. •

Lesen mit geschlossenen Augen

♥ *Leihen Sie sich bei Ihrer Ankunft in den Gärten einen Kopfhörer aus. In den Beeten oder am Rand der Rasenflächen warten Barcodes auf die Besucher. Man scannt sie, legt sich danach ins Gras und lauscht der Prosa großer Schriftsteller zum Thema »Gärten«. Daneben gibt es für Besucher regelmäßig Yogastunden, wechselnde Ausstellungen sowie Führungen durch die Gewächshäuser.*

Besucherinformationen

Jardins des Martels
391, route des Martels
81500 Giroussens
Tel. + 33 5 63 41 61 42
contact@jardinsdesmartels.com

Öffnungszeiten

➛ April und September
Montag bis Sonntag von 13.30 bis 18 Uhr

➛ Anfang Mai bis Ende August
Montag bis Sonntag von 10 bis 18 Uhr

➛ Anfang bis Mitte Oktober
Mittwoch, Samstag und Sonntag von 13.30 bis 18 Uhr

➛ Mitte Oktober bis Anfang November
Montag bis Sonntag von 13.30 bis 18 Uhr (je nach Wetter)

➛ Durchschnittliche Besichtigungsdauer:
1,5 bis 2 Stunden
Letzter Einlass um 17 Uhr

➛ Weitere Informationen unter:
www.jardinsdesmartels.com

Pays de la Loire

Orientalischer Park von Maulévrier, Maine-et-Loire • Maulévrier
Priorat von Vauboin, Sarthe • Beaumont-sur-Dême
Die Gärten von William Christie, Vendée • Thiré

Orientalischer PARK von MAULÉVRIER

✡ Maulévrier
Maine-et-Loire

Ursprünglich von der Pariser Weltausstellung inspiriert und als exotische Kuriosität gefeiert, wurde der Parc Oriental de Maulévrier später von Gartenexperten in den Rang eines authentischen Wandelgartens (kaiyū-shiki teien) *im Stil japanischer Gärten des 18. Jahrhunderts erhoben. Sein Wasserlauf symbolisiert die verschiedenen Abschnitte des menschlichen Lebens.*

Im Jahr 1900 würdigte die Pariser Weltausstellung – die bis dahin ehrgeizigste ihrer Art – mit viel Enthusiasmus, Fantasie und verschwenderischem Aufwand die Errungenschaften des neuen Jahrhunderts. Zudem sollte ein Zeichen der Völkerverständigung gesetzt werden: Über 40 Nationen nahmen teil und bekundeten in prächtigen Pavillons ihre gegenseitige Verbundenheit. Schon 14 Jahre später wurden die feierlichen Schwüre zunichte gemacht. Doch das ist eine andere Geschichte …

Von den 212 Tagen jener Weltausstellung blieben vor allem erstaunlich moderne Erfindungen in Erinnerung: etwa der »rollende Bürgersteig« – ein Vorläufer der Rolltreppe –, der sich über drei Kilometer entlang der Seine erstreckte. Die Veranstaltung fiel zudem mit der Einweihung der Pariser Metro zusammen, deren erste Linie zwischen der Porte de Vincennes und der Porte Maillot verkehrte und mit ihren markanten grünen und roten Waggons die Stadtteile und Einwohner von Paris verband. Weitere bleibende Vermächtnisse waren das Petit Palais und das Grand Palais, die Pont Alexandre III als Symbol der französisch-russischen Freundschaft und – unter all den Wundern – auch ein orientalischer Garten in Anjou.

Alexandre Marcel, der Schöpfer dieses Gartens, war ein leidenschaftlicher Anhänger des fernöstlichen Orientalismus. Wie viele seiner Zeitgenossen in der Belle Époque träumte der Architekt von exotischen Landschaften und hatte eine Vorliebe für den Japonismus (japanisch inspirierte westliche Kunst). Bald galt er als Spezialist auf diesem Gebiet und entwarf für die Weltausstellung drei »asiatische« Pavillons.

Inmitten der imperialistischen Aufbruchstimmung jener Zeit heiratete Alexandre Marcel die Tochter des Industriellen Eugène Bergère, Eigentümer des Schlosses von Maulévrier. Die einst niedergebrannte Burg war im 19. Jahrhundert im Anjou-Stil wiederaufgebaut worden und verfügte über einen 29 Hektar großen Park. Marcel nahm sich des Gartens an und gestaltete gemeinsam mit seinem Chefgärtner eine »japanische Landschaft«. Der von ihm angelegte Spazierweg folgte dem Lauf des Flusses Moine, der für die Gartengestaltung verbreitert wurde. Ein Teich entstand, und Überbleibsel der Weltausstellung – Tempel, Khmer-Statuen und Laternen – fanden ihren Platz zwischen neu gepflanzten und zu kunstvollen Wolkenformen beschnittenen Bäumen (*Niwaki*). Vor allem im Frühling, wenn die Kirschbäume blühen, entfaltet der Garten eine zarte Ästhetik. Obwohl er das Land niemals betrat, hatte der Visionär Marcel »sein« Japan gefunden. Leider verstarb er schon wenige Jahre später. In der Folgezeit wurde es still um den Garten, er wurde vernachlässigt und verwilderte.

In den 1980er-Jahren erwarb die Gemeinde das Gelände. Der damalige Bürgermeister setzte sich dafür ein, dass der Garten erhalten blieb, und eine Gruppe von engagierten Freiwilligen begann damit, das verwahrloste Juwel von Gestrüpp zu befreien. Ein Verein wurde gegründet, Fachleute und Ehrenamtliche schlossen sich zusammen, und die Wiederherstellung nahm Fahrt auf. Im Lauf der Zeit gewann der Garten nicht nur seinen ursprünglichen Glanz zurück, er wurde sogar prächtiger als je zuvor. Drei Gartenbauprofessoren aus Tokio und Niigata erhoben ihn in den Rang eines klassischen Wandelgartens im Stil der Edo-Zeit (16.–19. Jh.). Heute gilt er als der größte »japanische Garten« Europas.

Maulévrier feierte im Jahr 2025 sein 40-jähriges Bestehen. Über 400 Pflanzenarten beleben diesen Ort, dessen Symbolik ebenso tiefgründig wie durchdacht ist. Der Spaziergang durch den Garten präsentiert sich dabei als eine Reise durch die verschiedenen Lebensalter: Der Wasserlauf, der sich von Osten nach Westen erstreckt, spiegelt nicht nur den Weg der Sonne vom Aufgang bis zum Untergang wider, sondern auch unsere eigene Existenz von der Geburt bis zum Tod.

Die Pflanzen werden täglich in Form geschnitten und bilden japanische Landschaften nach, kunstvolle Hügel und Wellen; aus Pflanzen geformte Schildkröten und Kraniche erzählen von Felsküsten und Inseln, die vom Meer umspült werden, von Bergen oder sanft plätschernden Bächen.

Zu den fünf wesentlichen Elementen der Anlage zählen Wasser, Steine, Pflanzen, Wege und Bauten. Der Garten, der sich bewusst jeder Symmetrie und Linearität entzieht, nutzt kulturelle Schmuckelemente und Skulpturen: So markieren z. B. die *Torii*, traditionelle hohe Eingangstore, den Übergang vom Profanen zum Sakralen, während die charakteristischen Steinlaternen (*Ishidôrô*) das Dasein des Menschen und das Licht des Wissens symbolisieren.

Der lange, meditative und zugleich mitreißende Spaziergang entlang des Flusses – vorbei an Formschnittgehölzen – lässt die Zeit für einen Moment stillstehen und entführt in eine Welt voll zauberhafter Poesie. Im Frühling, Sinnbild der Jugend, entfalten sich die weißen und rosafarbenen Blüten der Kirschbäume, unterstrichen von der leuchtenden Pracht der Azaleen und Rhododendren. Der Sommer begrüßt uns im Erwachsenenalter – in sattem Grün, durchsetzt mit blauen und violetten Hortensien. Und im Herbst, weise und gealtert, wandeln wir unter dem goldfarbenen Blätterdach von Ahorn- und Ginkgobäumen. Inmitten der Bäume lässt sich ein *Shimenawa* entdecken, jenes geflochtene Seil, das die Anwesenheit eines *Kami* – eines Shintō-Gottes oder Geistes – symbolisiert. Oder ist es der Geist von Alexandre Marcel selbst? •

Nachtspaziergänge und monatliche Feste

♥ *Im Geiste der japanischen Tradition lädt der Park zu nächtlichen Spaziergängen im Laternenschein ein. Lichteffekte, die mehr andeuten als enthüllen, vermischen sich mit Musik und traditionellen Erzählungen und entführen in eine Welt voll Intimität und Stille. Tagsüber locken ein charmantes Teehaus mit schattiger Terrasse an einem Koikarpfenteich, eine orientalische Boutique sowie ein spezialisiertes Gartencenter. Darüber hinaus bereichern monatlich wechselnde Veranstaltungen den Jahreslauf. Die bekannteste ist das* Hanami*-Fest im März, das zum Picknicken unter blühenden Kirschbäumen einlädt. Beim* Hanami *(wörtlich: »Blüten betrachten«) legten japanische Bauern einst Opfergaben rund um die Kirschbäume nieder, da man glaubte, dass sich die Gottheiten der Felder in den frischen Blüten verbargen. Ein Highlight für Liebhaber japanischer Miniaturbäume ist das* Bonsai Shō *im Juni. Ausstellungen, Workshops, Vorführungen und Vorträge lassen keine Fragen offen und eröffnen neue Wege zur Pflege dieser faszinierenden Pflanzenkunst.*

Besucherinformationen

Parc Oriental de Maulévrier
Place de la Mairie
49360 Maulévrier
Tel. + 33 2 41 55 50 14

Öffnungszeiten

➛ Mitte März bis Mitte November
Die aktuellen Öffnungszeiten finden sich auf der Website. An Sonn- und Feiertagen (außer an Veranstaltungstagen) werden um 14.30 Uhr ohne Aufpreis Führungen angeboten.

➛ Letzter Einlass eine Stunde vor Schließung des Parks

➛ Weitere Informationen unter:
www.parc-oriental.com

PRIORAT von VAUBOIN

✵ Beaumont-sur-Dême
Sarthe

Das Anwesen liegt eingebettet in eine einstige klösterliche Landschaft. Der umgebende Garten samt Buchsbaumlabyrinth, weißen Narzissen und Kirschbäumen schmiegt sich sanft an einen Hang. Seit einigen Jahren schmücken ihn Dutzende hundertjährige Buchsbäume, geformt nach den fantasievollen Ideen des Eigentümers Thierry Juge.

Der *Hortus conclusus* ist einer der ältesten Vorläufer unserer westlichen Gartentradition. In der von Gefahren und Unruhen geprägten Welt des Mittelalters war ein solcher umfriedeter Garten, der meist innerhalb von Burg- oder Klostermauern angelegt wurde, insbesondere bei Belagerungen wichtig für die Selbstversorgung der Bewohner. In Zeiten relativer Ruhe entstanden bisweilen auch Gärten außerhalb der Mauern. Stets waren sie jedoch rechteckig und eingefasst, etwa durch Mauern oder Hecken.

Der Begriff *Hortus conclusus* ist dem Hohelied Salomos entlehnt und wurde später als »umschlossener Garten« zum Symbol der Reinheit der Jungfrau Maria umgedeutet. In dieser Bedeutung ging er auch in die religiöse Kunst des Mittelalters ein. Von den Klöstern aufgegriffen, wandelte sich der *Hortus conclusus* zum Sinnbild eines »vollkommenen Lebens in Gott« – einer Vorstellung vom Paradies, gespeist von der ewigen Suche nach dem Garten Eden. Die umschließenden Hecken und Zäune grenzen die sakrale von der weltlichen Sphäre ab – einer Welt, bedroht durch die Versuchungen des Bösen.

Thierry Juge suchte wohl eher nach innerer Ruhe als nach spiritueller Erlösung – obwohl seine Abwendung von der »weltlichen Sphäre« durchaus höheren Motiven entsprang. Als erfolgreicher Geschäftsführer eines Pariser Unternehmens lebte er, wie viele seiner Kollegen, im Rhythmus von Wettbewerb, Effizienz und Besitz. Allerdings erschien ihm dieses Leben schon bald als belastend.

Thierry Juge, so sagt er selbst, ging es nie darum, einen »Schaugarten« anzulegen. Er wollte Grün und nur Grün – punktuell aufgehellt durch weiße Akzente, die Reinheit symbolisieren.

An diesem Punkt trennte sich Thierrys Weg von dem seiner Mitmenschen. Während sich die meisten mit den Umständen arrangiert hätten, suchte er nach Freiheit. Angetrieben von dem Wunsch, sich »aus der Welt zurückzuziehen« und einen eigenen Garten zu gestalten, verließ er die Stadt. In der hügeligen Landschaft zwischen Tours und Le Mans fand er sein zukünftiges »Nirwana«.
Die Gemeinsamkeiten mit einem Ordensmann liegen auf der Hand. Und doch unterscheiden sich die beiden Lebensentwürfe ganz wesentlich: Für den Pflanzenkünstler lag das Paradies nicht in der jenseitigen Welt, sondern im Hier und Jetzt.

Das Anwesen lag mitten im Nirgendwo – sehr zur Freude seines neuen Eigentümers, der bisweilen das Bild eines »liebenswerten Misanthropen« abgibt. Den Zutritt zu diesem Ort muss man sich demnach verdienen. Das Wohnhaus ist ein ehemaliger Landsitz aus dem 17. Jahrhundert aus grauem Stein und mit einem steilen Schieferdach. Rundum erstreckt sich ein innerer Garten, gleich einem Paradies für den freiwilligen Exilanten. Ganz nach klösterlicher Tradition ist dieser *Hortus conclusus* in vier Bereiche gegliedert: einen Gemüse- und einen Obstgarten auf der einen Seite, ein Labyrinth als Symbol des Lebenswegs und ein Kreuzgang – hier reduziert auf einen einzigen markanten Buchsbaum – hinter dem Gebäude.

Das mit geometrischer Präzision angelegte Labyrinth erinnert an die formale Strenge französischer Gärten: Rechteckige Flächen werden von mit Holzkohle geschwärzten Wegen und Diagonalen aus pyramidenförmig beschnittenen Eiben durchzogen. Im Obstgarten indes sind Kirschbäume, unterbrochen von großen Buchsbaumkugeln, in einer wilden, fast ungezähmten Diagonale gepflanzt. Inmitten dieser einzigartigen Komposition sucht das Auge des Gartenliebhabers vergeblich nach der gewohnten Farbpalette. Thierry Juge, so sagt er selbst, ging es nie darum, einen »Schaugarten« anzulegen. Er wollte Grün und nur Grün – wie das Chakra des Herzens, nur punktuell aufgehellt durch weiße Akzente, die Reinheit symbolisieren. Einige Narzissen, Vergissmeinnicht und *Clematis* setzen im Garten zarte Lichtpunkte.
Und dann ist da noch der unverzichtbare Zaun: übereinander geschichtete Kastanienstämme, von Weinreben überwachsen. Dazwischen spenden eine Quitte, ein Nussbaum und eine Esche wohltuenden Schutz. *Gunnera* mit ihren eindrucksvollen Blättern beschatten einen klaren Bach, der sich durch die vier Gartenräume schlängelt.

In seinem 1996 vollendeten, streng gegliederten Paradies konnte sich Thierry Juge der Beschaulichkeit seines selbst gewählten Lebens hingeben. Doch da war noch der Hügel – ein verwilderter Wald, der steil zum Grundstück abfiel.

Als er den Hang 2006 erwarb, ahnte er nicht, wie sehr dieser zu seiner Lebensaufgabe werden sollte. Denn hinter dem dichten Grün verbarg sich ein Buchsbaumwald: Hunderte, ja Tausende, wilder Buchsbäume, jahrhundertealt und mehrere Meter hoch.

Seit Kindertagen hatte Thierry Juge eine Leidenschaft für Buchsbäume. Leicht zu beschneiden und immergrün symbolisieren sie für ihn die Ewigkeit. Als er seinen »Zauberwald« entdeckte, tat er zunächst nichts. Vier Jahre lang ließ er den Wald auf sich wirken, bevor er schließlich mit der Arbeit begann. Das Ergebnis ist beeindruckend: Dieser obere Garten – ein barockes, verspieltes Gegenstück zum streng komponierten unteren Garten – verleiht dem Ensemble seinen unverwechselbaren Charme.

Die Buchsbäume wurden zunächst radikal zurückgeschnitten, bevor Thierry begann, sie regelmäßig zu beschneiden und zu formen. So entwickelten sie sich allmählich zu lebendigen Skulpturen. Manche davon wirken wie Figuren, denen ihr Schöpfer jeweils eigene Namen gab. Einige Stämme sind mit Kalk bestrichen, um ihre Linien hervorzuheben, andere sind in Blätter gehüllt, als trügen sie ein »grünes Gewand«.
Inspiriert von Fotografien, seinen Reisen und vor allem von Malern – wie Miró und Giacometti –, verbringt Thierry Juge seine Tage damit, die Gewächse zu formen. Gemäß seinem eigenen Wesen hat der »bildhauerische Gärtner« mit diesem Garten seine eigene Welt außerhalb der irdischen erschaffen. Ein grünes Paradies, das uns auf wunderbare Weise inspiriert, selbst den Weg der Freiheit zu beschreiten. •

Nur nach Vereinbarung

Der ungewöhnliche Garten empfängt auch seine Gäste auf unkonventionelle Weise. Für Einzelbesucher ist er nicht mehr regulär geöffnet. Musiker und Gartenvereine hingegen sind nach vorheriger Absprache willkommen. Dann lässt sich der Garten sogar kostenlos besichtigen – vorausgesetzt, man hilft eine Stunde lang beim Unkrautjäten. Das grüne Juwel ist in jedem Fall die Mühe wert. Manchmal hat das Exil eben auch seine guten Seiten …

Besucherinformationen

Prieuré de Vauboin
72340 Beaumont-sur-Dême
contact@leprieuredevauboin.fr

Öffnungszeiten

- Besichtigung für Gruppen nach Voranmeldung
- Weitere Informationen unter: leprieuredevauboin.fr

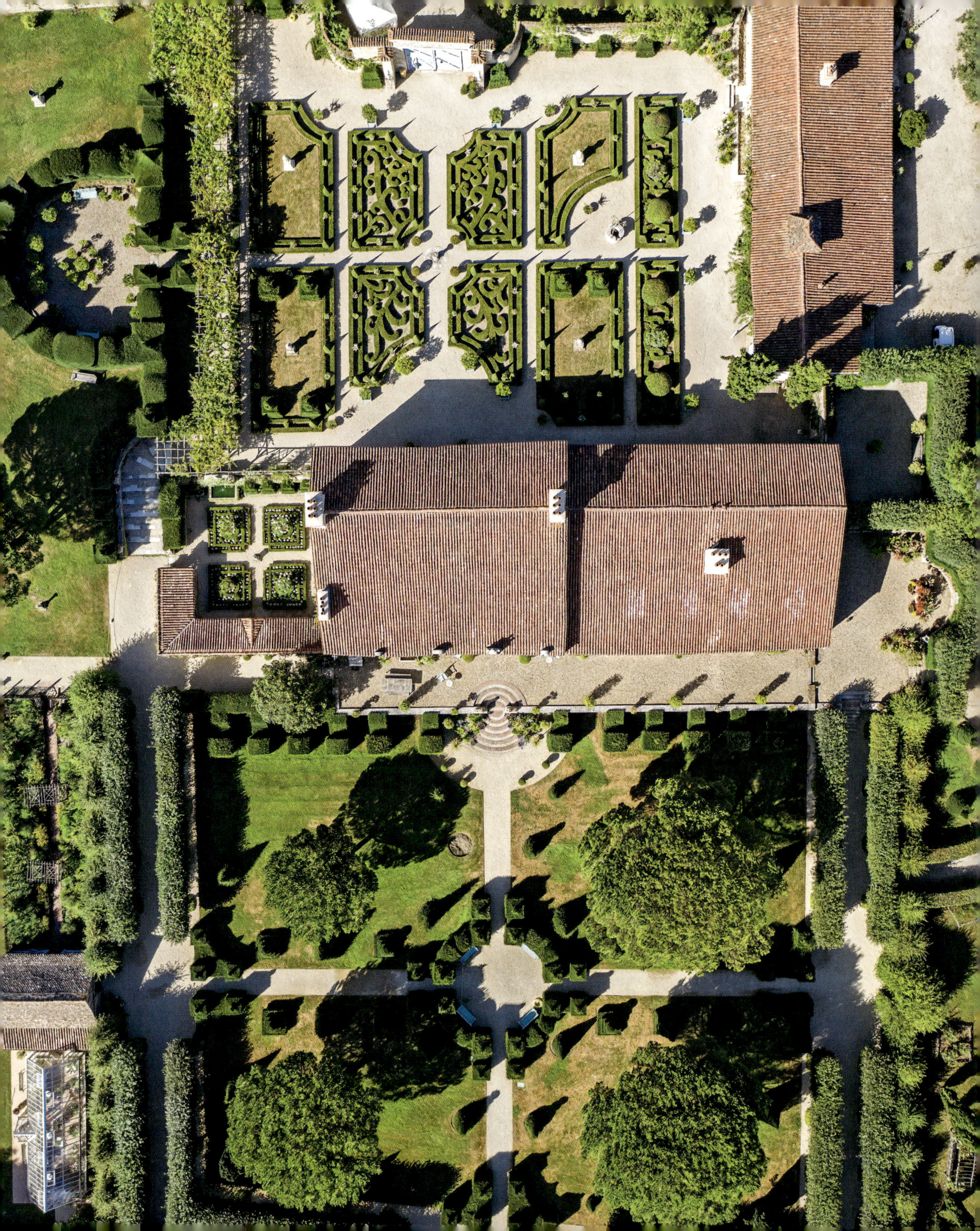

DIE GÄRTEN von WILLIAM CHRISTIE

Thiré
Vendée

1987 begann der renommierte Musiker William Christie mit der Gestaltung dieses auch als Jardin du Bâtiment bekannten Gartens. Rund um ein liebevoll restauriertes Landhaus entstand eine Gartenlandschaft, die barocke Fantasie mit strengem Klassizismus vereint. Heute verströmt der Garten ein höchst musikalisches Ambiente – selbst wenn das Cembalo des Meisters einmal nicht erklingt.

Seit Jahrzehnten gilt der Dirigent und Cembalist William Christie als bedeutender Erneuerer der barocken Musiktradition. In den 1970er-Jahren hauchte er einem Repertoire neues Leben ein, das von der klassischen Musikwelt lange vernachlässigt worden war. Mit feinem Gespür gab er den Meisterwerken des 17. und 18. Jahrhunderts ihre ursprüngliche Schönheit zurück, indem er sie auf historischen Instrumenten aufführte. Dank seines beharrlichen Engagements erklingen die Werke von Marc-Antoine Charpentier, Jean-Philippe Rameau und Jean-Baptiste Lully heute wieder in vielen Konzertsälen, Kirchen und sogar Gärten.

Weniger bekannt ist Christies zweite große Leidenschaft: Der Sohn einer amerikanischen Musikerin und eines Architekten entwickelte schon früh eine tiefe Verbundenheit mit der Natur und erbte die Liebe zu Gärten von seinen Eltern und Großeltern. An der Harvard University studierte er Kunstgeschichte und später Musikwissenschaften in Yale, wo er sich als Cembalist einen Namen machte. Frankreich, ein Land, das schon seine Eltern bewunderten, faszinierte ihn seit Kindheitstagen – so sehr, dass er eines Tages beschloss, sich dort niederzulassen. Er war überzeugt, dass er hier seine Bestimmung finden würde.

Selbst große Musiker erleben zuweilen Tiefpunkte. So bot man ihm Anfang der 1980er-Jahre lediglich zwei Auftritte in der Vendée an. Christie nahm es gelassen, stieg in seinen kleinen VW-Käfer und machte sich auf den Weg. Vor Ort stellte er erfreut fest, dass die Menschen in der Vendée seine Musik dankbar annahmen.
Auf dem Rückweg, am Rand der kleinen Gemeinde Thiré, hielt er vor einem verlassenen Gebäude. Die weitläufigen Brachflächen ringsum weckten sein Interesse. Schon lange hatte der Musiker von einem eigenen Garten geträumt. Und er wusste auch genau, was ihm vorschwebte: Klassizismus, Symmetrie und Formschnitt. Vor allem aber wünschte er sich einen Neuanfang.
Heute, knapp 40 Jahre später, zeugen die prachtvoll komponierten Gartenräume von der Fantasie und dem gärtnerischen Gespür ihres Gestalters. Englische, italienische und französische Einflüsse verschmelzen zu einer »botanischen Oper« von einzigartiger Vorstellungskraft.

Großzügigkeit zählt zu den herausragenden Eigenschaften von William Christie, der den Geist des Barock auf vielfältige Weise vermittelt und weitergibt.

Christie besuchte Gärten auf der ganzen Welt und studierte deren Gestaltung. Aus diesem Erfahrungsschatz entstand ein eklektischer, »musikalischer Garten« mit einer Vorliebe für den Klassizismus. Die Anlage besteht im Wesentlichen aus Bäumen, Sträuchern und Rasenflächen. Mit Ausnahme der früh blühenden Zwiebelpflanzen gedeihen die meisten Blumen in Töpfen, sodass das Gesamtbild über die Jahreszeiten hinweg nahezu unverändert bleibt.

Die zwölf Hektar große Anlage, die das mit Dachziegeln eingedeckte Landhaus umgibt, liegt eingebettet in eine ebene, lichtdurchflutete Landschaft. Bereits der »Ehrenhof« lässt die verspielte Stilmischung des Gartens erahnen: Geometrisch angelegte Parterres erinnern an die französische Gartenkunst, doch »holländische« Buchsbaumpyramiden und eine Pergola im britischen Arts-and-Crafts-Stil lassen die Grenzen rasch verschwimmen. In Doppelreihen gepflanzte Linden und Hainbuchen umgeben die Terrassen. Ergänzt wird das Ensemble durch säulenförmige Eiben, Kletterrosen und eine Pergola aus Kastanienholz mit Chinoiserie-Motiven, die Christie besonders schätzt. Die fantasievollen Muster der Buchsbaumparterres wirken wie Violinschlüssel auf der Suche nach ihren jeweiligen Tönen.

Der Miroir d'Eau wiederum lässt den Besucher von Versailles träumen: Beiderseits des lang gestreckten Wasserbeckens erheben sich in Doppelreihen gepflanzte Platanen, gesäumt von dahinter verlaufenden Hainbuchenhecken. Am Ende des Beckens thronen dekorative Rocaille-Ornamente vor einer weitläufigen Kolonnade aus Hainbuchen. Besonders eindrucksvoll wirken die Wasserspiegelungen während des Musikfestivals im Sommer, wenn sich Musiker und Tänzer auf einer schwimmenden Bühne bewundern lassen. Die in der Landschaftsarchitektur des 17. Jahrhunderts beliebten »Wasserbilder« entführen uns in die Zeit Ludwigs XIV.

Eine Hommage an die Geschichte der Gartenkunst ist auch der von vier Buchsbaumkarrees gebildete »Kreuzgang«, der vom Duft eines Rosenstrauchs der Sorte 'Madame Alfred Carrière' umspielt wird. Demselben gestalterischen Geist entspringt das nahe gelegene Parterre, umgeben von einer Sammlung südafrikanischer Kübelpflanzen, die bereits die Gärtner des 17. Jahrhunderts schätzten. Auch hier bildet das allgegenwärtige Wasser ein zentrales Element. Ein Hauch von Italien umweht den Pinienhain, dessen Bäume einen mit antiken Stelen geschmückten Rasen beschatten. Überragt von majestätischen Pinien und Zypressen, bedecken hier im Frühling Tausende weißer Narzissen und Tulpen den Rasen.

Einen Kontrast zu den klassisch gestalteten angrenzenden Gärten bildet das »grüne Theater« – eine fantasievolle Kreation aus geschwungenen Eibenhecken. William Christie bezeichnet es liebevoll als eine kapriziöse »gärtnerische Laune«. Bänke laden zum Verweilen ein, während Streichquartette bisweilen hier musizieren.

Und dann wären da noch die weiteren Gartenbereiche, etwa der »Rote Garten«, dessen scharlachrote Blüten die Farbgestaltung des »Roten Salons« im Haus aufgreifen, oder der von Holzarkaden geschmückte »Amerikanische Garten« mit über 60 nordamerikanischen Pflanzenarten. Der »Haselnusspfad«, im Frühling gesäumt von Narzissen, lenkt den Blick auf einen alten Taubenschlag, den Christie vor der Zerstörung rettete und im Garten wiederaufbauen ließ. Vervollständigt wird die Anlage durch einen Gemüse- und einen Obstgarten.

Ursprünglich war das Wohnhaus aus dem 17. Jahrhundert ein Gutshof. Nachdem es lange Zeit leer gestanden hatte, wurde es restauriert. Heute dient es unter anderem als Wohn- und Arbeitsort für junge Künstler. Großzügigkeit zählt zweifellos zu den herausragenden Eigenschaften von William Christie, der den Geist des Barock – dem er sein Leben gewidmet hat – auf vielfältige Weise vermittelt und weitergibt. •

Barockerlebnis

Jährlich im Sommer veranstaltet die von William Christie gegründete Stiftung »Les Arts Florissants« im Garten sowie an weiteren Spielorten in Thiré ein einwöchiges Festival. Über 100 Veranstaltungen stehen auf dem Programm – von Workshops und Konzerten bis hin zu musikalischen Spaziergängen und Künstlerbegegnungen. Zwischen dem »Roten Garten« und dem Miroir d'Eau können Besucher dabei eine zauberhafte Auszeit in Dur erleben.

Besucherinformationen

Jardins de William Christie
32, route de Sainte-Hermine
85210 Thiré

Öffnungszeiten

➛ Mitte März bis Ende Juli und Mitte bis Ende September
Mittwoch bis Sonntag von 10.30 bis 17.30 Uhr

➛ Weitere Informationen unter:
www.arts-florissants.org/jardins-patrimoine/les-jardins-de-william-christie

Provence-
Alpes-
Côte d'Azur

Domaine du Rayol – Der Garten des Mittelmeers, Var • Rayol-Canadel-sur-Mer

DOMAINE du Rayol

Der Garten des MITTELMEERS

☼ Rayol-Canadel-sur-Mer
Var

Der vom Landschaftsarchitekten Gilles Clément gestaltete Garten – heute im Besitz des Conservatoire du littoral *– ist den Pflanzen der mediterranen Klimazonen aus aller Welt gewidmet. Von der im Garten gelegenen Villa aus bietet sich ein atemberaubender Blick, der sich bis zum darunterliegenden Meer erstreckt.*

Ist es der roséfarbene Himmel, der das Mittelmeer in sanftem Glanz erstrahlen lässt? Die ockerfarbene Fassade mit braunen Fensterläden, die über der felsigen Küste aufragt? Oder sind es die sonnenbeschienenen Terrassen, die im Licht des Sommermorgens erstrahlen? Vielleicht sind es auch die üppige Macchia und die ursprüngliche Natur der Côte d'Azur, die uns in Träumereien von einer anderen Zeit schwelgen lassen. Vor dem inneren Auge erscheinen Nicole und Dick, die verlorenen Helden aus F. Scott Fitzgeralds Roman »Zärtlich ist die Nacht«, die über den goldenen Sand der kleinen Bucht am Fuße des Art-déco-Anwesens spazieren. Doch nein – wir müssen noch weiter zurückreisen: Von den Goldenen Zwanzigern bis zur Belle Époque, als Le Rayol das Licht der Welt erblickte.

Wohlhabende Familien wie die Eiffels oder die Royces entdeckten zu dieser Zeit die bezaubernde, noch unberührte Küste der Corniche des Maures. Rasch begannen sie, direkt am Meer – umgeben von Zistrosen und Erdbeerbäumen – ihre Sommerresidenzen zu errichten. Unter ihnen war auch Alfred Courmes: ein weit gereister Geschäftsmann und leidenschaftlicher Hobbybotaniker, stets auf der Suche nach seltenen Pflanzen. Auf dem Grundstück, das heute Le Rayol ist, ließ er zunächst einen Gutshof samt Ziergarten anlegen.

Aucun engrais ou
pesticides de synthèse
n'est utilisé durant
5,50 €

In der Folgezeit errichtete Courmes auf dem Gelände zwei weitere Villen. Die erste wurde in späterer Zeit verkauft und in ein Hotel-Casino umgewandelt, die zweite diente der Familie bis zu Courmes' Tod als Wohnsitz.
Die Jahre vergingen. Das Hotel-Casino schloss seine Pforten und Courmes' Witwe verkaufte das Anwesen. In den 1970er-Jahren sollte die Domaine du Rayol dem Tourismus weichen – mit Betonbauten, Parkplätzen und Geschäften. Doch Gemeinde und Anwohner leisteten entschlossenen Widerstand. Ihnen verdanken wir die Bewahrung dieses einzigartigen Kleinods im Département Var. 1989 erwarb die französische Küstenschutzbehörde *Conservatoire du littoral* das 20 Hektar große Anwesen, restaurierte die historischen Villen und beauftragte den Landschaftsarchitekten Gilles Clément mit der Neugestaltung des damals verwilderten Gartens.

Clément entwickelte in den 1990er-Jahren sein Konzept des »Planetarischen Gartens«: Es beschreibt die Erde als einen einzigen, großen Garten, den die Menschheit verantwortungsvoll pflegen und bewahren muss. Gilles Clément schuf in Rayol einen Garten, der die weltweite Vielfalt der mediterranen Zonen widerspiegelt, samt Pflanzen und Tieren, die unter den typischen Klimabedingungen – trockene, heiße Sommer und milde, regenreiche Winter – gedeihen. Auch ästhetisch ist der Spaziergang durch den Garten ein Genuss: Man muss sich nur dem süßen Duft der Macchia hingeben.

Auf dem sieben Hektar großen Gelände finden sich mediterrane Pflanzen ebenso wie solche aus ariden und subtropischen Klimazonen. Die üppigen Gartenräume illustrieren die Vielfalt wie auch die Ähnlichkeit der Flora auf der Nord- und Südhemisphäre. Elf thematische Gartenbereiche entführen den Besucher auf eine botanische Weltreise: von den Kanarischen Inseln nach Kalifornien, von Neuseeland nach Chile, vom subtropischen Amerika bis hin zum »Meeresgarten«: Ja, selbst in den Gewässern, die die sonnige Bucht umspülen, lässt sich ein Garten entdecken. Hier kann man über den sandigen Meeresgrund wie durch ein Unterwassergartenreich gleiten und stößt auf »Seeigelbeete«, »Perlmuttmuschelpfade« und eine »Posidonia-Wiese«. Das leuchtend grüne Neptungras ist ein wichtiger Sauerstofflieferant und gilt als Hoffnung für unsere Zukunft.

Wem das Meerwasser zu kalt ist, der kann die schillernde Unterwasserwelt vom kleinen Strand aus bewundern und den Blick zu den gegenüberliegenden Îles d'Hyères schweifen lassen. Danach führt der Weg hinauf zum »Garten der Kanarischen Inseln«, wo uns mächtige Drachenbäume erwarten. Der Baum, dessen verschlungene Äste ein schirmförmiges Blätterdach tragen, verdankt seinen Namen seinem früher als »Drachenblut« bezeichneten rötlichen Harz. Noch weiter oben liegt der »Pinar«, ein hoch gelegener Wald, der von Kanarischen Kiefern geprägt ist. Der bemerkenswerte Baum zeichnet sich durch seine hohe Feuerbeständigkeit aus: Selbst aus verkohlten Stämmen wachsen neue Triebe.

Dank beständiger Passatwinde, die ein mildes, feuchtes Mikroklima begünstigen, blieben die Kanarischen Inseln von den eiszeitlichen Vergletscherungen verschont und konnten sich ihre Reliktflora aus der Zeit des Tertiärs bewahren.

Zwischen den Kanaren und dem amerikanischen Kontinent scheint der Ozean verschwunden: Nur eine Hecke trennt hier die beiden Gartenwelten. Die Flächen wurden bewusst klein gehalten, um die außergewöhnlichen Pflanzen beiderseits des Äquators näher zusammenzuführen. Der »Garten des subtropischen Amerikas« wird kontinuierlich bewässert und ist der einzige auf dem Gelände, in dem das Gras auch im Sommer sattgrün bleibt. Eine notwendige Voraussetzung für den tropischen Wald mit gelb blühenden Tipu- (*Tipuana tipu*) und Korallenbäumen (*Erythrina*), geschmückt von feurig roten Blüten.
Eine ganz eigene Welt eröffnet sich in der mexikanischen Miniaturwüste des »Ariden amerikanischen Gartens«. Zwischen sorgfältig arrangierten Steinen gedeihen Kakteen in allen Formen – groß, klein, kugelrund –, darunter der berühmte Schwiegermuttersitz (*Echinocactus grusonii*) mit seinen spitzen Stacheln.

Die Pflanzenwelt in Le Rayol ist vielfältig und spektakulär: Kalifornischer Mohn, Puya aus den Anden, afrikanischer Korallenbaum, Natternköpfe und blühende Pistazienbäume entfalten ihre Farbenpracht inmitten von zarten Akazien. Bewusst sind die Pflanzen nicht beschildert. Anders als im klassischen französischen Garten dürfen sie sich frei ausbreiten und sich selbst aussäen. Denn der Garten präsentiert keine botanischen Sammlungen, sondern veranschaulicht das Konzept des »Planetarischen Gartens«, in dem die Welt durch naturnahe Landschaften erfahrbar wird. •

Mittagessen in Le Rayol

♥ *Außer am 25. Dezember lädt das »Café des Jardiniers« täglich zu einer Teepause oder zum Mittagessen ein. Auf der im Herzen des Gartens gelegenen Terrasse genießt man mediterrane Köstlichkeiten, neu interpretiert von Küchenchef Tom Ortin. Gerichte wie Wolfsbarschfilet oder Lammkeule mit Thymiansauce werden mit Gemüse aus eigenem Anbau serviert. Desserts wie Solliès-Feigentarte runden das kulinarische Erlebnis ab und lassen die Sinne in mediterraner Fülle schwelgen.*

Besucherinformationen

Domaine du Rayol - Le Jardin des Méditerranées
Avenue Jacques-Chirac
83820 Rayol-Canadel-sur-Mer
Tel. + 33 4 98 04 44 00

Öffnungszeiten

Januar, Februar, März, November, Dezember:
Täglich (außer 25. Dezember) 9.30 bis 17.30 Uhr
Führung um 14.30 Uhr (Dauer: 1,5 Std.)

April, Mai, Juni, September, Oktober:
Täglich 9.30 bis 18.30 Uhr
Führungen um 10.30 Uhr (außer im Oktober) und 14.30 Uhr (Dauer: 1,5 Std.)

Juli, August:
Täglich 9.30 Uhr bis 19.30 Uhr
Führungen um 10.30 Uhr, 16 Uhr (Dauer: 1,5 Std.) und 17.30 Uhr (Dauer: 1 Std.)

Letzter Einlass: eine Stunde vor Schließung des Gartens

➛ Weitere Informationen unter:
www.domainedurayol.org